写给亲爱的你

愿你和我一样
有不同的兴趣,对知识永无止境地渴求
在有限的时空里活出无限大的日子

「自创光环」

品质女人自我养成术

刘裘蒂 著

人民日报出版社

图书在版编目（CIP）数据

自创光环：品质女人自我养成术 / 刘裘蒂著. --
北京：人民日报出版社，2016.8
ISBN 978-7-5115-4074-4

Ⅰ．①自… Ⅱ．①刘… Ⅲ．①女性－修养－通俗读物
Ⅳ．①B825-49

中国版本图书馆CIP数据核字(2016)第172769号

书　　名：	自创光环：品质女人自我养成术
作　　者：	刘裘蒂
出 版 人：	董　伟
责任编辑：	王慧蓉
内文设计：	阮全勇
出版发行：	人民日报出版社
社　　址：	北京金台西路2号
邮政编码：	100733
发行热线：	（010）65369527　65369512　65369509　65369510
邮购热线：	（010）65369530
编辑热线：	（010）65369533
网　　址：	www.peopledailypress.com
经　　销：	新华书店
印　　刷：	北京盛通印刷股份有限公司
开　　本：	880mm×1230mm　1/32
字　　数：	210千字
印　　张：	9.25
印　　次：	2016年8月第1版　2016年8月第1次印刷
书　　号：	ISBN 978-7-5115-4074-4
定　　价：	38.00元

目 录
Contents

郎朗推荐序

自 序

part 1 智取时尚

      003 东方女，纽约范

      006 不用银行卡刷品位

      012 做自己的造型师

      017 古着不复古

      024 什么时候穿旗袍

      035 派对女郎怎么当

      041 好书抵过好面膜

part 2　行走"贵圈"要诀

- 051　"秘密武器"特朗普
- 057　有钱人更爱出名
- 061　蒂凡尼礼仪
- 070　慈善晚会的女主角

part 3　华尔街女性职场启示

- 079　职场"试婚"期
- 087　入门学徒的偶像
- 095　靠谱的女性职场着装
- 105　细节的魔鬼
- 113　受气的本事
- 119　优势叫牌卡
- 125　光鲜背后十年功
- 130　打造金牌口碑

但是我和你一样，也曾经暗恋过自己的老板，也曾经担心自己穿得不够专业。我妈妈也曾担心我读书太多，嫁不出去。

你问我：为什么走这么多路？该出国吗？该创业吗？读书的价值何在？穿衣时尚的价值何在？如何穿出时尚感？

其实，选择的内容并不重要，重要的是选择的过程和方式。

其实，你的疑问，我都有过：

如何在职场提升自己的能见度？

如何从旅行找到自己？

如何从学英语的过程学人生？

何时应该经营人生，何时应该放手？

如何做一个时尚的智慧女人？

如何用知识让自己更性感？

我经历过很多不同地区的文化氛围（文学、法律、媒体、时尚），这让我见识了不同世界的人，以及他们挑明儿对峙的价值观。如何从这些族群里，找到自己的核心价值，坚持自己的初心，这是我每天的挑战。

我该如何对你述说我的故事？这是我经常思索的问题。

离开华尔街后，我创办了一个多元媒体平台，我变成了一个专门讲故事的人。如何让西方人读懂中国？如何讲一个让西方人可以听懂的中国故事？我首要的挑战，便是不同的文化都有不同的叙述语言。面临不同文化讲故事的惯例，就是哲学性的"翻译"问题。

从一个个框架跳出来后，我突然发觉，自己面临同样的挑战：如何让你读懂我？

自 序

写给你的故事

这是为你写的故事,因为你可以从我的身影与游历中,看到我面对东西价值观的冲击时,如何尝试创造自己的理念,如何享受生活,而不只是过日子。

所以它也是你的故事。因为你可以在我身上,读出你的挣扎和梦想。

你也可以看到,即使是对美感的执着,对知识的向往,人生无处不是利害兼有的双刃剑。

身为现代女人,有更多的选择,也有更多的困惑。失去一些前辈想要反叛的框架,又成为新框架的俘虏。

身为在异国搏斗的异乡人,我走了许多路,有些路顺畅,有些路冤枉,而且时时都得掂量着如何把劣势转换成优势。

你将读到,我在耶鲁的时候,是如何毛遂自荐成为素昧平生的名牌教授破格录用的研究助理;如何当上一家华尔街领军律师楼的头名亚裔合伙人,被西方客户请去纽约证券交易所敲开市钟;在华尔街与鲨鱼搏斗了之后,又急流勇退创办多元媒体平台,化身为纽约时尚社交的红毯人。

乐，懂得穿衣服，在华尔街打拼过，我们共通的语言不只是肖邦和李斯特，或是国际时尚，我们都想要让古典艺术重新进入当代生活，关心如何借由新的媒体创出新意，表达出当代人的情感。

作为一个古典音乐的传播者，我特别能够体会裘蒂想借着她的古典文学与艺术素养，深入浅出地使古典文化对当代人说话，使经过岁月筛选历练的艺术品继续对年轻人产生共鸣。

我是一个用音乐来表达自己的人，我相信音乐的世界性。作为一个常年在国际旅行演出的中国人，如何从自己的文化承传里汲取养分，却不画地自限？如何在激变的当代生活中，活出中国的气质？这正是裘蒂在这本书和她的媒体事业里所要探讨的主题，而她擅长使用服装与视觉语言来表达一种当代中国的风情，进而提高中国人在世界舞台的能见度。

裘蒂创办的杂志三周年生日的时候，她主持了一个表彰中国慈善家的庆祝活动，我很荣幸是获奖人之一，她告诉我，这个奖不仅为了表彰华人在慈善事业的成就，而且让世界能够看到中国与华人社会中悠久的慈善传统。

我们都在东西文化激荡里找灵感，我们都是想在国际舞台争取话语权的人。但是裘蒂本身跨界的经历，对我来讲还是一个谜。她的成长过程是什么？华尔街给她的锻炼是什么？她的时尚感和她热爱艺术有何关联？她如何在很短的时间把自己蜕变成一个媒体领军人物？这些都是我想要知道的事情。

读这本书，像是老友之间秉烛夜谈，裘蒂回大陆老家寻根的故事让我想哭，为了融入华尔街的工作环境而打造的"权力套装"又让我想笑……我从她的故事，看到了她追求的并不是表面的光环，而是要做一棵扎实，"带着根旅行的树"。

郎朗推荐序

中国才女
国际范儿

第一次见到裘蒂，是在2012年5月裘蒂创办的时尚杂志的创刊酒会上，她穿了一件松绿色的丝质晚礼服，神采飞扬。

我在海外参加了很多跟中国人相关的活动，但是这个晚会却有独特的风格而令我印象深刻，整个活动非常国际化。整个酒会的风格，就是来自她的创意手笔。但是她不光是谈论她的创业，她对我说，期待看到我教孩子弹钢琴，因为她听过印象最深刻的音乐会，是美国钢琴大师莱昂·弗莱舍在卡内基中心主持的一系列"大师讲习"。聆听音乐学院的学生弹奏后，弗莱舍示范指点，学生们把成果表现在终场演奏会上，终获成功。而大师的"每一句话，都可以启发人生，应用在其他学习上。"

裘蒂对音乐教育的热衷和跨国界的艺术观，正与我创立郎朗国际音乐基金会的初心不谋而合。后来，我透过基金会的总监卢卡斯·巴文斯基，邀请裘蒂担任基金会的国际荣誉大使。

其中有一期杂志以我为封面人物，对我做了专访。作为一本精品杂志，它采用的是一种时尚的语言来说中国的故事。

2012年冬天，在北京参加凤凰卫视时尚大奖上，裘蒂是颁奖人之一，我领奖又演出。两个客居纽约的游子，又在中国不期而遇了。

我打沈阳来，而裘蒂在台湾长大，我知道她爱吃饺子，爱古典音

part 6　远方：做一棵带根旅行的树

　　243　口音的烦恼

　　249　寻根

　　256　家宴的记忆

　　264　逃离捆绑，勇敢"流浪"

　　270　关于选择与放弃

　　277　后　记

part 4 女人的终极奢侈品

141 "虎爸"的教育

149 国学的酝酿

154 台湾女校的课

158 做会卖书的诗人

162 为何要与精英竞技

168 读名校,是在读什么

179 异国他乡的生活

186 史景迁的"御用"助理

194 耶鲁的神秘组织

part 5 不完美的提升力

201 如何疗伤

208 不把男友当烦恼

215 何需永远 A+

219 少问:值不值得

224 把缺陷转为动力

230 做"老灵魂"的人

236 极简,却扎实

曾经，我从一个用中文写诗的人，变成一个用英文写论文和法律文件的人。现在，我用英文和中文写不同的故事。

这本书，将从我如何在台湾大学外文系时拿了几个文学奖，写到毕业后到美国耶鲁攻读文学艺术，后来又到哥伦比亚大学攻读法学博士。在华尔街拼搏十多年后，华丽转身创建多元媒体平台和中英双语时尚杂志，希望用国际范的视觉语言，讲当代中国的故事。

为什么要讲故事？因为，我们世袭了讲故事的冲动和本能。

当世界变成一个故事的时候，它开始成形，变成可以承传的固体，可以递给下一辈的人，让他们抓紧。

我的故事，从台湾南部的童年到台北的大学，从美国东岸求学、纽约的金融职场到自己创业，表面上好像没有连贯性。但是，写完了这本书，我看出了这些零散珍珠的串连。

我的经历，你看了或许有点陌生，或许有点奇怪，但是也如此熟悉。我希望你不自觉地也看到你自己。

我小时候最想听的故事，是父母如何相遇、相恋。故事里，父亲为了追求母亲，他写了整整 5 年的情书。

潜意识里，我想我一辈子都在找那个肯为我写 5 年情书的人。

在这过程中，我为我的求学理想，写了超过 5 年的情书；我也为一些狂执的异乡人梦想，写了超过 5 年的情书。

我也曾想逃离父母的故事，我想活得不一样，不同的滋味，一个和他们迥然异同的故事。

直到，我随母亲回福建闽清老家探亲，我才领悟到，我离乡背井的故事，变成父亲少小离家的故事。

所以，我重新学习发声：为了每一个问"我是谁"的现代人。在当代社会的跌宕中，我所经历的不同文化价值的激荡，已是常态，因为每个人都需要借成长为自己不断定位。扮演多元角色是现代人生的主调，不是例外。

我要把这本书献给我的父母：我的父亲擅长写作，母亲擅长演说，他们给了我讲故事的潜力，也教我如何从平凡的生活中，活出不平凡的滋味。

我也要谢谢纽约名流摄影师帕特里克·麦克马伦（Patrick McMullan），为本书提供了大量精美的照片，以及多年来对我的支持。

我感谢你，愿意打开这本书，听我成长的故事。因为，每一个人的明天，不需理由。

part 1　　　智取时尚

如果我们天生不够漂亮,但我们可以拥有比那更好的东西,那就是风格。掌握风格的关键就是:用衣服表达出个人的记忆和思绪。

东方女,纽约范

"Chiu-Ti! Chiu-Ti!"

纽约芭蕾舞团的年度秋季首演红毯盛典,在曼哈顿林肯中心的中庭展开,数十位摄影记者一字排开,坐镇在"且步且停"(Step and Repeat)的告示牌前。Step and Repeat 的意思就是,走一步,停一步,摆摆姿势,让媒体轮流有机会面对面拍照。

我一袭马来西亚华裔服装设计师 Zang Toi(冼书瀛)的作品。翡翠绿高腰拖逸长裙,十分夸张,搭配一个像歌剧般天花乱坠的水晶钻围脖项链。许多时尚摄影师在其他场合曾经看到过我十分特殊的形象,觉得又大胆又创新,跟传统的东方女子或西方名媛都不一样。他们已经认出我来了!

我真的很难想象,几年前我还是一个因为职业需要必须非常低调,不能随意出镜或发表言论的国际律师楼合伙人。但是如今我已经在纽约时尚圈与社交圈因为个人独特的时尚风格,成为媒体经常捕捉的标的。

纽约的时尚记者和名牌高管，都管我叫"Chiu-Ti"——我的英文名字。但是他们不见得都知道我的故事：出生在台湾高雄，台湾大学外文系毕业后留学美国，拿到耶鲁大学博士前高等文学硕士（M.Phil是通过鉴定考试审核的博士候选人；由于哥伦比亚大学法学院8月要进行新生训练，当时我博士论文差一章完成，只好放弃，直接奔纽约就学）后，获哥伦比亚大学法学博士；曾经在华尔街的投行和律师楼拼搏数年，成为有1900名律师的盛德国际律师事务所纽约合伙人。

我的中文名字叫裘蒂！和我的英文名字的发音差别很远。对西方人来讲，并没有什么意义，他们只觉得"好听"而已。对中国的新识，我描述我的名字的时候，就说我名字里的"裘"是《论语》里子路"车马衣裘与朋友共"的"裘"。或许这个衣服的联想，就注定了我一生对时尚的爱好。

数十架闪烁的镁光灯，呼应着几千瓦白色聚光灯，我像一只孔雀一样，从往事的格局里跳跃出来，展示出我从未有的自信。

就在这样的红毯上，我回顾了自己曲折的道路……

2013年秋季纽约儿童基金会慈善红毯

不用银行卡刷品位

看到我走红毯的照片,许多人以为我全身的行头是靠嫁了一个有钱的老公,或是一个富二代子女砸钱堆砌起来的。当他们知晓我的时尚感完全没有富饶的置装费在背后撑腰,也不是来自造型师的操刀,或是品牌的赞助,而是完全是靠自己打点,经常发出佩服声。

我穿衣服,而不让衣服穿我。

其实我穿衣服受到瞩目,完全是无心插柳。我只是自然地用衣服来表达我自己,而相对于服装本身,我真正有兴趣的是服装背后的文化史。它使我在穿衣服的时候,象征另外一种层次。在品位和视觉性之外,它可以使人产生无形的共鸣。

既然我不相信用银行卡刷出来的品位,就必须动动脑筋,让自己穿出别出心裁的风格。

我认识一个雅典来的裁缝师,我管她叫希腊妈妈,我们常常一起合作,制作我出席晚宴的礼服。我们见面时很少谈服饰,大部分的时间都是谈哲学,从苏格拉底、柏拉图谈到海德格。她和我一样,大学本科都是修的文学。我们都认为，穿衣服其实反映的是人的记忆和思绪，跟自己的情绪相关联，才能叫风格。

希腊妈妈总是鼓励我说："别人可以把你所有的东西都拿走，但是他们拿不走你的风格！"

2012年4月，我应邀出席《纽约时报》当家时尚摄影师比尔·康宁汉获得卡内基表演中心终身成就奖的颁奖晚会。康宁汉在《纽约时报》的时尚版有两个专栏：一个是他始创的街拍，另一个栏目记录纽约名流活动，是纽约主流时尚的索引。在纽约社交圈和时尚圈的人都知道，当康宁汉的镜头对着你，可能就是对你品位的认可，因为他一般不稀罕名牌赞助出来的明星范儿。而如果你出现在他的专栏，比自拍1000次都牛。

《Vogue》杂志主编安娜·温图尔曾经说过："我们每个人都为比尔·康宁汉而穿衣服！"

希腊妈妈和我都知道，这场卡内基的颁奖活动，时尚大咖与社交名流必定使出浑身招数，成为争芳斗艳之地。

我们用的面料是会反光的"山东丝"，图案却是日常普通的小方格子纹，裁成一件单肩搂腰的连衣长裙，立体的上身折纹，对比蓬松的金鱼裙尾，色调干净，记忆绵长。

希腊妈妈为我连夜赶工的礼服，交织着她在雅典童年的成长记忆和我在高雄童年的成长记忆。我配上了白色的长礼服手套，简洁的银色水晶硬壳腕包，一点也不为其他同席的时尚圈名人震慑。因为穿自己参与设计的量身定制，不必模仿当季流行的款式，自然也不怕撞衫。我的记忆塑造了我的风格，可以与他人毫不相干。

"你从未让我失望!"派特克·麦克马伦名流网旗下的摄影师欧文,远远地看到我,便热情表态。接着,又拉着我到康宁汉身旁合照。当我的黑白晚礼服应和了康宁汉的黑礼服(康先生平常一袭蓝色工作服,很少如此正式)时,也吸引了其他的摄影记者,顿时闪光灯此起彼落,而康宁汉也不自主地拿出他自己的相机,捕捉当时媒体记者忙乎的镜头。

这个无心捕捉的影像显示了康宁汉的职业热忱,成为隔天各大媒体如《华尔街日报》和《纽约》杂志报道的头版照片。

一件充满故事的简单衣服,又成就了另一个一生的故事。

我心目中的时尚,跟当今的流行趋势有别。穿衣服,要对时尚背景、场合、个人身材与风格都要有所了解,才能够穿出味道来。还有,已经到会场了,就不要把交谈集中在自己的装扮上。即使受到了许多赞美,还是把话题转移到别人身上吧!

我觉得人类的社会中,在任何的情况下,人都不可能有无限的资源,所以最好的事情就是把资源妥善运用。这在人才济济、有钱人看他人更有钱的社会中,更是如此。在纽约我认识的名媛可多了,再有经济后盾的人,也有没合适衣服出场的烦恼!

我在参加活动之前,通常都会在脑子里面做一个简单的构图。因为我的定位不是少奶奶,我参加活动的当日,没有闲工夫花一天的时间打扮。白天我必须全神贯注地为自己的事业拼搏,晚上的活动只是我生活与工作的延伸。这就是我在时间资源上的有限。

我的有限资源逼着我比别人更有创意,这是我父亲对我的启示。

我的父亲是一个极其讲究个人品位的人,在他的眼中,品位并不等于潮流或奢侈。

我小时候,当其他的女孩都还穿"玛丽珍鞋"时,父亲就会带姐姐跟我到高雄的生生皮鞋店,为我们定制用绑细帆布鞋带的偏中性款的鞋子。"玛丽珍"源自于美国20世纪初期的漫画人物,后来成为有注册商标的品牌,经典款式是低跟、圆面、脚踝搭扣绑皮带的鞋子。而我和姐姐穿的鞋系着帆布鞋带,当时大多数只有男孩子穿。

而且父亲讲究的是品质,他认为一双好的鞋子,或是一件好的衣服就应该保存很久。

我还在纽约律师楼拼搏的时候,父亲得了帕金森症,行动很不方便。2002年5月,他刚确诊,我特地请了假回台湾看他。那个时候,我意识到即使买再名贵的东西,给他再多物质的享受,都不能解脱他在病魔上的折磨。因此,我就带了一件带有哥伦比亚大学校徽的T恤。父亲一生特别崇尚教育,这些带有知名学校服帜的衣服,对他特别有意义。

我们出发到国宾饭店为他庆生前,父亲叫我帮他从衣橱里面挑出他二三十年前穿的老西装。哥大的T恤带老鼠灰,他叫我选的西装上衣、西装裤子又是两个不同深浅的灰色。他直觉地认为,把轻松T恤与英国面料制作的正装配搭起来,潇洒成一个书生气息,能够特别凸显那种既修散又正式又庄重的特别味道。我记得他混搭穿起来就特别酷!

我是一个极相信"智取"的人,就是用智慧去取得一个事件上的优势。穿衣服包含了"智慧"与"感性"的交汇。比方说,我要穿一件衣服,我会很理性地分析穿这件衣服的作用是什么。于是我在选择风格的依据上就可以有最好的效果。然后，我又会做一个自我情绪跟情感的投射。我觉得穿衣服必须是自己情感与情境的反应，这样才有味道。

我曾是纽约服装设计学院博物馆首位亚裔董事，每年9月在纽约时装周开启之前，博物馆都有一个盛大的颁奖午宴向一名服装设计师致敬。作为董事会的成员，我自然需要在那个时尚圈人物汇集的场合穿出自己的身份。

纽约有一个不成文的惯例。就是以某个名设计师挂名的盛会，嘉宾会尽量穿着该品牌的款式，才算"对题"。由于是午宴，并不适合穿晚礼服。如果碰上了以晚礼服著名的设计师领奖，特别难搞。

2013年，该颁奖午宴表扬的是奥斯卡·德拉伦塔（Oscar de la Renta），大多数的嘉宾都争着买了德拉伦塔当季的洋装，还有几件撞衫的例子。我却穿了一件网上淘来的德拉伦塔20世纪70年代的古董衣。铿锵的缕金衬上艳黄长方块图案，隔了40年了还像新的一样。由于衣服的合身有时比款式还重要，因此，我花在修改的费用比买衣服的费用还多。这件老衣服是长袖的娃娃装，旗袍领，我叫裁缝把裙子改短，那天，踩上镶水晶钻的高跟鞋。我的着装也因此被颁奖人说成"体现德拉伦塔超越时空，历久弥新的创作"，成了《华尔街日报》纽约版的头条。

2014年我们的得奖主是纽约设计师卡罗琳娜·埃莱拉（Carolina Herrera）。设计师的旗舰店在上东区，她的主顾大多是是纽约名媛。她设计的经典款式大多古典优雅，绝不喧哗取宠。她自己很喜欢穿白衬衫，配及膝蓬蓬裙，虽然70多岁了，还是非常有气质。

我不想与其他人一般。我该穿怎么样的衣服向她致敬呢？

我在当季的春夏款中找到一件白色的短袖上衣，一件拖地的长裙，蓝白相间，大喇喇的格子非常有艺术气息。虽然是长裙，大手笔格子写意图案除去了隆重感，对比其他嘉宾的及膝中长裙独树一帜。

我再搭配上在巴黎小店买的一对超大的胶质白色花型耳环，把我的衣服上的白色呼应出来了。那对耳环因为在纽约找不到，许多名媛都吵着问我哪里买的。

美国有个不成文的规定，就是劳动节之后不可以穿白色，因为夏天已经过了，白色也不时尚。美国的劳动节是每年9月的第一个星期一，纽约服装设计学院博物馆的年度颁奖午宴就成为劳动节之后第一场最重要的社交活动。

所以我穿着这件像T恤的白色休闲上衣，也就是用一种轻松的方式来揶揄这个"不可穿白色"的传统。我也避免戴上隆重的珠宝，才不会显得老气。

我每次打扮完毕，出门前一定照照镜子，然后拿掉一两件额外累赘的东西。

有人说我穿衣服，就像布局一幅画。这副蓝白造型特别上相，当我踏入林肯中心的喷泉广场的台步，立即引起了轰动，因此也选入了当季纽约时装周最佳着装名单。

这就是我所谓的"智取时尚圈"。

女人美丽的光环，不是靠一两名牌衣裳支撑，而是发自内心的见识和力量。

做自己的造型师

小学时我打了两条及腰的长辫子。初中和高中时学校实行发禁，男生顶着"三分头"（约为1厘米），而女生发长规定不准超过耳上1厘米，后脑勺的头发刮掉，成为露出发根的"西瓜皮"。那回儿我们根本无法体会林徽因的民国范儿，只知道一到周一，排队让教官拿着量尺检查和羞辱的怂样儿。

顶了6年的西瓜皮，被剥夺了吸引异性的材质。可想见大学放榜后，女同学们的首要任务便是解放头发。

我从大三到出国一直念完法学院，都留着一头蓬松卷卷的长头发。烫头发不但伤发质，而且整理起来非常困难。有时为了遮掩烫坏变色的发尾，还要上卷子。

现在回想当时会爱那样子的发型，完全反映了那个年代称霸的口味。现在回去看20世纪80年代的连续剧，还有那个年代的偶像法拉，都可以感到现在人所嘲笑的"大头发"（Big hair）造型。

我在律师楼做了一年事后，觉得头发又该烫了，听说日本发廊的护发程序特别靠谱,就找了一家"日式发廊"去整整。帮我烫发剪发的理发师是一个美国人,他看到我的毛毛躁躁的发型时就猛摇头说:"怎么回事?你们东方人天生的发质让我们(西方人)羡慕得要死,你怎么把它烫成这副德行?"

所以他当时就不顾我的反对,把我卷毛的地方都剪掉。然后叫我不要烫,隔几个月再把卷的尾端剪掉,直到留到又直又长为止。

起先,我对这样小了半圈的头部非常不习惯,总觉得不衬脸型。但是慢慢地,我爱上了自己光滑的头发。洗完头发后,我连吹风机也不用,就让它自然干。下雨了,我也不怕会淋到而变型。我的西方女朋友们每天都烦恼如何把头发吹直。近年来在美国流行的"干发廊"(Dry Bar),就是不洗头发,不沾水,直接硬吹直,省时省钱。

后来我的发型基本上没有什么改变。当下东方的女孩儿时兴染发,从浅棕色甚至到金黄色。而曾经令人难堪的"西瓜皮",反而变成潮女的新派头!看到这些创新的打扮在别人身上很有意思,对自己却没有很大的诱惑。

而在纽约上流社会混的女人,除了染金发之外,还有两种制服:一种是整容;一种是某名牌包。

我经常去参加曼哈顿上东区朋友家的派对,发觉席间80%的女性身上明显都是动过刀子的。她们的脸庞绷扯得平坦,豪华巨大的胸脯,许多女性都留下由手术刀仔细操作的痕迹。

没有做与不做的差别,只有自然与不自然的区分。

我认识一个捷克来的女孩儿,现在才30出头,漂亮高挑,嫁了一个事业成功的老公。两年前暑假过后,她突然出现在一个纽约时装周前的午宴，顶着好肿的嘴唇，双颊与下巴显得不成比例，看起来仿佛被蜜蜂蜇伤了，但是流下来的不是蜂蜜。我不敢多问。后来每隔一阵子在社交场合见到她，好像她又经历更多的手术来矫正前次手术的失误。本来，英文里的整容手术（Plastic Surgery）是强调"重塑"原来的缺陷，但是现在往往矫枉过正，造成一个一个没有特色的塑胶人。

当每个人都拿着同款包包的时候，我就想逃。对于一个不愿意被制服捆绑的人来说，这个符号已经失去了意义。如果每个人都费尽心机去得到同样的东西，那还有什么稀罕的呢？

但是我也爱美，追求美丽的事物是我的权利与义务。

我爱美有几个原则：打扮不能超过太多时间，穿衣服不能太费劲儿，还有不能花太多钱。

其实，在每个场合，真正的女神并不见得都是最美丽的；而最美丽的，通常都很聪明。

纽约的社交圈充满了世界的精英，然而女士的服装也十分重复。少奶奶阔太太们的穿着，是拿着服饰型号来表达自己的身份地位。白天都千篇一律地拿着同款的包包，晚上参加晚会则选几个在上东区有势力的品牌，都是十分能够预期的选择。她们社交、慈善活动、度假都是一伙的，所以思维也基本没有超过自己的小圈圈。

尽管撞衫是禁忌，她们的造型基本都是一致的，这是她们建立群体认同感的方式。而我喜欢的是自己的造型，有一点艺术家的放荡不羁，但是不标新立异。

我并不走波西米亚风，如果艺术家都穿着波西米亚风的制服，那还有啥意思？波西米亚风一旦公式化，成为一种职业或身份的符号，也同样会变成一个样板造型的负担！

服装是建立族群感的第一步，我是一个喜欢在族群感外建立独立个性的人！

我看到某一名女子穿了一件非常适合她的衣裳，我会觉得它是怎么样地贴切这位女子的风韵与身材，但是我从来不会打算，我也必须要有一件同样的衣服。因为我觉得适合他人的，未必适合于我。我很少花时间去购物，我有一种很深的直觉，哪些款式作品适合我，凸显我的特点，我就那样穿。

而且我很不在乎其他女生穿着同样的衣服有什么感觉，所以很多人认为穿衣服就是表现自己的独立性。但是我也不至于高尚到以为穿衣戴帽是完全取悦自己，那又何必穿呢？如果是那样，就躲在家里衣橱里面，照照自己就可以。

当我们走入外界的时候，无形中，我们的衣裳就变成我们与别人交流与互动的语言工具。

自古以来，服饰就是一种阶级财富和社会地位的象征。在古代中国，不同颜色的衣服，由不同社会地位阶层的人穿。我从来不会以我的衣服来显示我的社会地位或是经济能力，我常常觉得如果真正要了解我的品位的人，应该到我家看看我的艺术收藏，或是从我写的文章里面看看我的精神领域。

我不会把我所有的钱花在衣服上面。我要穿一件衣服，而不是被一件衣服穿。我常常婉拒服装设计师或造型设计师企图改变我的造型的想法，因为我就是自己最好的造型师。

我们也应该记得：女人最大的弱点，也就是最大的优点。

服装史上对我最大的启示，是杰奎琳·肯尼迪出席肯尼迪1961年就职总统大典的巧思。华盛顿特区1月酷寒，就职典礼又在露天室外举行，根据以往经验，政要高官的夫人都会裹着隆重的皮草出席。所以贾桂琳就请她的设计师奥莱格·卡西尼设计一款配套浅米白色的洋装大衣，同色盒子帽，只在领口露出棕色的貂皮毛，配上很简单的皮草护手笼。在波波人海之中，她鹤立鸡群，立马就成为镜头焦点。其他人看起来老气横秋，她却借着时尚信息表达了肯尼迪新政所散发的年轻朝气。这个简易风格，成为美国20世纪60年代初期的精神代表！

虽然杰奎琳出身豪门，但是从客观的条件看，她平胸，两眼分得特别开，算不上经典的美人。她曾经在巴黎游学，讲法语与西班牙语。她的文化感，还有语言能力支撑了服装的蕴涵，使她成为20世纪最重要的时尚偶像。她是她自己的造型师。

我的朋友芭芭拉是纽约文化界名流，活跃在社交圈。她创办了纽约艺术设计博物馆，现任该馆终身荣誉主席。她曾经掌舵《新娘》杂志30年，算是时尚老手，但是她高高瘦瘦，一头抢眼的白发，80岁出头，全身上下没有手术刀修改的痕迹。她的老公是一名很成功的企业家，对她非常好，他们虽然没有孩子，却是彼此的灵魂伴侣，经常可以看到他们在慈善晚会翩然起舞。

最近，我在一场宴席里坐在芭芭拉的老公旁边，听他说起44年前他们结婚时的往事，芭芭拉不要钻石戒指，却要一只质朴但有设计意涵的戒指。难怪，每回看到芭芭拉，就像看到一个众人焦点里的新娘，沐浴在她先生温柔的目光下，因为她是自己的造型师。

古着不复古

我带头开启了纽约社交名媛中混搭古着衣与新款单品出席社交场合的风气。在我之后,许多社交名媛都自豪地把她们曾在古着店里面淘来的宝,穿戴在社交场合上秀。古着通常是几十年的经典,与普通的二手衣服有别,通常比新衣服还贵。

"古着"可以说是时尚界的一个大秘密。许多知名的设计师,像马克·雅可布,都积极收藏古着,因为这是他们灵感的泉源。但是他们不喜欢公开他们的职业秘密,也不鼓励人去买古着。不然,谁还会去买他们的新品?

可可·香奈儿说过:"只有没有记忆的人,才会认为是他们自己的原创设计"。

时装界充满了引用过往设计元素的影射。

我跟古着结缘是非常偶然的事。我也曾经把古董衣想成汗渍斑斑,灰尘气味让人猛打喷嚏的旧衣服。直到2011年,我刚上任纽约服装设计学院博物馆董事,当年的年度设计师奖得主是意大利大师华伦天奴。

他最经典的作品是红色晚礼服，但是在颁奖午宴很不适合穿亮隆重的长礼服。2009年华伦天奴已经从他的品牌退休，所以该品牌近两季的款式都不是他亲自设计的作品。

在午宴上，如果用穿着来向他致敬的话，我得找他早期的作品。而华伦天奴的经典作品在古着市场都非常抢手。

颁奖典礼的前一天，我突然收到了一家古着店的邮件，告诉我刚进了几件华伦天奴的古董衣。其中有一件20世纪80年代全丝的上衣，泡泡袖，高领小荷叶边，松紧带束腰，类似法国革命时男士的衬衫，面料呈现黑底秋叶的图案。看了图片以后，我立马意识到，我真好运！这件衣服的款式很适合我的身材，而且应该不需要修改。

穿古董衣的禁忌就是让人有复古的感觉，误以为刚去洗劫了外婆的衣橱。古董衣的危险就是让人变得老气。复古照旧与历久弥新的区别就在于，后者能够从古典元素中加入一种新的生命力，使它再度与当代的生活情境息息相关。

颁奖的当天我把这件上衣当迷你洋装来穿，配上了华伦天奴豹头金链的腰带，蹬上一双新款的圣罗兰厚底高跟鞋。我知道新旧交汇的**搭配使得我很酷，很2011！**

这件古董衣是华伦天奴20世纪80年代高级定制的作品，在场的时尚界还没弄清楚它的来历时，华伦天奴先生却一眼就瞧出他的作品，我成为当场少数与他合照的来宾！

当我拥有这样一件精致的古董衣之后，我赞叹它做工精致，在三十多年后仍然可以感受到当初的光鲜。从古董商那边我了解到，它原来的主人是意大利一个有名的时尚摄影师。我觉得古着背后的这些细节故事，让我感觉到不是在穿一件别人的旧衣服，而是在穿一场历史、一件故事，就像拥有一件泛着历史光泽的古董家具。

中国的近代时装史是一个断层，所以要找到好的20世纪古着并不容易。从小看母亲的照片，特别喜欢20世纪50年代她穿的窄腰蓬裙的衣服，所以我开始涉猎美国20世纪中期的古着。

那个时候的人不像现在时兴整容，或是营养过度，身材跟我类似。20世纪50年代正是美国从二次大战崛起，国力蒸蒸日上的时期。所以即使不是名牌，中上阶层找裁缝定制的衣服都用很好的面料。

那件华伦天奴的老衣服撩起了我对古着的好奇，但是它花了我1800美元再加税！

所以考虑到我有限的资源，只好把我对历史与文化的爱好变成我的优势。

如何挑古董衣？读读历史吧。古着可以让我们了解到时装的历史。在网络的时代，在网上也有很多的途径可以找到各种古着历史资料，也可以去购买。我曾经和一个比弗利山庄的古着商合作，她代理很多好莱坞明星穿过的衣服，特别是20世纪30年代到20世纪50年代间好莱坞制片厂称霸时用的剧服，由于这些好莱坞片厂电影效应影响遍及欧洲，使我对巴黎的高级定制与好莱坞电影的关系产生了极大的兴趣。

我热爱古着，因为我是一个极其现代，又很爱历史的人。我觉得时尚潮流不只是往前看的，它又在不时回顾的过程中看到未来。

找古董衣从哪里着手？当然一定从先从家人下手！有一次到台湾去看我母亲的时候，在她的衣橱里面，搜到了一个黑亮亚克力，镶着银铁片，短柄的硬壳手提包。后来我提着这款包在纽约出席晚会时，遇到一个时尚专家，他跟我说，这样款式的盒子在美国20世纪50年代特别流行，当时迈阿密有一家专门做这个款式的工厂。

他也提示我曼哈顿的SOHO区有一家小店，专门卖亚克力盒子做成的手提包。许多明星的造型师，以及有关20世纪的怀旧电影的服装道具组工作人员，都经常到这家店去淘宝。

2011年问世的电影《W.E.》，由玛丹娜制作。片子讲的是20世纪初期，温莎公爵"不爱江山爱美人"的爱情故事。制作组就到这那家古董配饰店去找搭配服饰的道具。

据东家说，20世纪上半叶的有钱人，很流行请高级工匠仿照着他们的珠宝真品制作一模一样的拷贝品。真品搁保险箱里，旅行的时候就带着仿品。这些仿品虽然不用珍贵的宝石，但是制作这些仿制品的工匠手艺都非常高明，比许多当代珠宝的工艺性强，因此受到藏家的欢迎。这些古董的仿珠宝饰品也有很好的二手市场价值。

我很喜欢看20世纪二三十年代的好莱坞旧片，这些好莱坞制片厂出来的作品，虽然在特效方面没法跟现在比，其中所讲述的人性却依然适用。

美国20世纪20年代经过繁荣飙升的GoGo时代之后，到20世纪30年代又经过一个长期的大萧条，大起大落之后，反而电影事业非常蓬勃发展，当时好莱坞片厂一年出品800多部片子，奠定了现代好莱坞电影制片厂的规模。

在经济不景气的时候，需要借电影来投射理想的情境，使人们的心情放松。也就在这个时期，营造了所谓的好莱坞的明星制度，这个明星就是现代人所说的"男神"或"女神"的前身。

偶像是完美的吗？不见得！我常常回溯20世纪30年代的偶像，她们凸显特色，虽不完美，却更有味道！比方说，因为《女人女人》和《红衫泪痕》得过两度金像奖（曾获提名10次）的贝蒂·戴维斯，被美国电影学院评选为"百年伟大银幕传奇女性"亚军，但是她把她"女巫"般的大眼睛，刺耳的嗓音，变成影史上的符号性人物。戴维斯的名言是："好莱坞总是要我有颜值，但是我为写实奋战！"

影评人常说，戴维斯只有160厘米高，在银幕上她常用跨大豹步来制造高挑的形象，凸显戏剧化的造型。再加上不屑的眼神、犀锐的台词，时而阴沉，时而风雅，从《扬帆》中的颓势"老处女"到《红衫泪痕》中的烈性南方佳人，演尽人间大起大落。而歌手金卡恩丝以一首《贝蒂戴维斯的眼睛》，把戴维斯时而狰狞的眼睛变成历史性的标志。

2014年春天，纽约服装设计学院博物馆揭幕"危机时代的优雅：20世纪30年代服饰展"，当时策展人跟我借了一套我拥有的20世纪30年代原版的古着。

这件黑白小格纹的长洋装，是我从一个古着博览会上淘来的。80多岁的衣服还保持着极好的状况。店主叫价500美元，后来跟我说，"从来没有人能够挤进那件衣服，200美元卖给你吧！"但是如果她知道我买这件衣裳的真正理由，恐怕就不是这个价了！

1932年，琼·克劳馥在1932年的电影《情重身轻》（Letty Lynton）中，所穿的一件由阿德里安·吉尔伯特（Adrian Gilbert）设计的裙装，给时尚界带来了巨大冲击。琼·克劳馥是好莱坞黄金时代奢华时尚的代表人物，而阿德里安·吉尔伯特是20世纪30年代米高梅的首席服装设计师，他也是第一位在电影里留下自己名字的服装设计师。

这条为了凸显轮廓而用薄纱在两肩部与裙尾打造出梦幻褶皱的裙子，在电影上映后被梅西百货仿制，在全美销售了500000件。有评论称这是"一战后的第一条礼服"，反映了战后女性向往浪漫的内心诉求。至今时装史仍把"林顿裙"列为好莱坞影响大众时尚的经典案例！

我当时看到这件黑白相间的格子服，就知道它是林顿裙的翻版，所以年代不可能早于1932年，而且它采用斜向剪裁的手法。现在很多裁缝都不懂得这么剪了，正是当时创新的手法，显得身材特别高挑修长。我虽然买不到原作，但是能够找到同时期的仿品来见证林顿裙的影响，也很开心！

我还有一件昂贵版的林顿裙，从加州一家专营好莱坞明星流传下来的古董衣著称的古董商那边买来的。这件林顿裙因为曾经按照着我的身材修改，没能在纽约服装设计学院博物馆展出。

2012年凯特林防癌救治中心春天慈善晚宴，在纽约大都会博物馆的大厅举行。请柬上的服装要求金碧辉煌，赞助商是GUCCI。

我研究了一下，GUCCI当季的款式受20世纪二三十年代格风格启发，估计纽约的名媛们应该会穿新版GUCCI大亮片金色的晚礼服。我还不如穿一件真正20世纪30年代的林顿裙，面料是当时最有名的戗金丝绒，背部开得很低，显示出一个黑色丝绒的超大蝴蝶结，绝对是20世纪30年代的经典元素。但是我不确定观者是不是能够领略这是一件好的老东西，于是又叫我的发型师替我做了一个20世纪30年代的波浪纹造型。

这个波浪纹可难做了，为了制造那时还没有发卷的效果，必须要用特别的器材慢慢地把头发雕塑出浅浅的波纹。我当时又刚好看到玛丹娜的电影《W.E.》里面的温莎公爵夫人的发型是中分的波浪纹。我以前做过几次波浪纹的尝试都是侧分的，就特别想要照本宣科，还坚持发型师用大量发蜡定型，强调波浪的效果。结果照相出来，我的波浪十分僵硬，简直像英国法庭里的辩护律士戴的假发，或是路易十四宫廷里面的弄臣，至今惨不忍睹。

这是我学到的教训，古董衣绝对不能穿成一个化装舞会！

什么时候穿旗袍

小时候,我的姊姊有100多件各式各样的旗袍,都是中长款,用各种面料裁成:织锦缎、提花缎、乔其纱、雪纺、欧根纱、素绸缎、香云纱、金玉缎。这些,就是她在铁路局上班的工作服。念高雄女中时,校长师蔚霞每天都穿旗袍在操场上主持升旗典礼,对我们训话。

这些旗袍,离我很近,又很远。仿佛是上一辈子的事。

我的第一件旗袍,是为了参加台大毕业典礼买的,柔软全丝,浅蓝色带粉红绣花蝴蝶图案的宽松改良款,但藏在黑色的学士袍下,并没有造成什么轰动。

"存在,还是不存在,这是真是个问题!"哈姆雷特的经典台词换成中国女性出席重要活动时的问题:穿旗袍,还是不穿旗袍? 在某种程度上,旗袍关系到中国女人的定位问题。

那我什么时候穿旗袍? 看场合,看心情。

2005年应客户邀请,我到台湾参加一次亚太保险研究会议。晚上的鸡尾酒会,在台北圆山大饭店举行,着装要求时尚而优雅。哈,总算有机会甩开我的单调工作服!

当时我刚从上海出差过来,行李箱里有一件在长乐街小店顺手买的玫瑰红旗袍,经典的全棉雕孔绣花面料,完全不带绸缎的老气。我灵机一动,突然想穿到会场"顽皮"一次。没想到我一走进大厅,我的男同事跟客户眼睛全看呆了,不相信是平常总穿黑色套装,拿着沉重法律公事包的我。

一袭旗袍,总算让人知道,我是个女人!

我的西方同事跟客户在台湾行之前,都清楚我的工作态度和成绩,所以我不担心穿旗袍会影响他们对我的尊重。但是在纽约,我不会在西方的工作场合里面,贸然穿旗袍。因为一个东方人在西方的领域之中,穿旗袍有不可避免的文化包袱。

在西方穿旗袍,特别是为了"应景",一个不小心就变成唐人街的老土。许多与中国有关的活动,都可以看到西方人秀他们从唐人街买来的廉价旗袍。这些没有质量的仿品,让人看不出旗袍艺术的精致。旗袍虽让不像日本和服与韩国国服束缚行动,但是这些"东方国服"通常只有在"种族派对"或"化妆舞会"时才派得上用场。不然,得去参加选美比赛!

旗袍与时尚,有时甚至变成反义词。

所以作为一位东方女子,有自己的事业,我不会急着把旗袍拿出来当制服穿。代表中国,不见得就是要穿旗袍。作为一个关注比较文化,在东西媒体的裂缝中找创作灵感的人,我非常清楚且自觉东西叙述语言,还有文化观上面的差异。这些很多来源于自己切身的经历。

2010年10月,香奈儿请我在纽约主持一场高级珠宝发布会,这在当时是大事,因为名牌对于自己的形象非常自觉,不轻易让外人,更何况是中国人,在西方的场合挂名。

新款珠宝的主题是"香奈儿之羽",作品灵感来自20世纪20年代的爵士风,因为当时的"轻佻女郎"(Flapper)喜欢带有羽毛的头饰。我穿了一件意大利设计师阿尔伯塔费雷蒂设计,带有20世纪20年代风格的褐灰色鸡尾酒服,裙子缀着流苏,背后绣有繁复的亮片和水晶钻。再搭配香奈儿结合珍珠与钻石的耳坠、腕表和戒指,梳着光鲜的波浪纹发型,活像一个20世纪20年代的轻佻女郎(Flapper)。

Flapper的本意是"刚刚学会飞的小鸟",代表20世纪20年代女性时尚的潮流,更是一个充满象征性的文化符号。当时年轻的中产女子不再穿着捆绑身体的束腹,而崇尚宽松剪裁、降低腰线的直线连衣裙成为新的着装标志。她们是爵士时代的享乐女神,以衣着和行为挑战社会的传统制度,对当时一夜暴富的美国男人,有种解放自由的诱惑力。

我在香奈儿麦迪逊大道的精品店出现时,马上"轰动武林,惊动万教"。许多人认为是我近年的"最佳造型"。

有一位朋友是玛丹娜在MTV起家时的造型师,在此活动之后的两年间,每次在公开场合中见到我,总会对他人赞叹我主持香奈儿酒会的扮相:"简直就像从《末代皇帝》的荧幕跃身而出!"

另外一个有名的设计师则恭维我是"最后的皇太后"!

这些朋友以为他们传达的是至上的溢美之词,但是亲爱的,有没有搞错?我那天的装束,没有一件单品带有"中国元素",也没戴着弯长的甲套,凭什么把我比成慈禧太后?

2014年纽约芭蕾舞团秋季首演晚会,我穿的是冼书瀛设计的长裙

《纽约时报》当家时尚摄影师比尔·康宁汉检视我的裙子

我穿着希腊妈妈给我设计的黑白小方格裙子参加晚会

简单而抢眼的装扮,以董事身份出席颁奖午宴都没问题

我穿着旗袍会晤英国爱德华王子

打扮成上世纪的"轻佻女郎"为香奈儿高级珠宝举行新款发布会

我的纽约刘氏家宴经常招待世界各地的朋友

我总算领略到，即使在受过教育的西方人中，他们用来了解或诠释东方的词汇竟然如此有限，他们对中国的想象力竟然如此贫乏！

出版《约》杂志的过程中，我一直与我的美工和艺术总监战斗。早上派遣出外景的摄影造型团队充满灵感，晚上带回来的毛片却尽是个个模特儿夸张的咪咪眼，或是吊睛白额的慈禧太后！这是美，还是脸谱化？

我一向对中国风的设计不太感兴趣，因为中国风在我的心里经常是用来吓唬外国人的。我为苏富比国际拍卖行官网写的专栏就叫作《中国元素》，影射的是西方人所预设的中国风期望值，经过多重折射后，反弹到中国艺术家与设计师的自觉。

我访问中国服装设计师时，话题总不可避免地谈到，在国际舞台上，西方观众对他们作品中中国元素的期望值，然而在中国，穿他们设计的人并不期待看到中国元素。我想用"中国元素"这个词，来代表这个中西观点差别之间的辩证与激荡。

纽约大都会博物馆的 2015 年春季"中国：镜花水月"展览，卖的就是一个典型的中国风，但是它很成功地吸引了很多眼球，因为运用了讨巧的中国样板印象。

也就是在那个展览中，我开始思索为什么这些经常国际旅行，又很支持我的朋友会把一个香奈儿店里的"轻俏女郎"看成清代的慈禧太后？

或许是香奈儿珠宝店面的装潢，使他们进入了一个中国风的世界。或许是我的波浪纹发型，使他们联想到黄柳霜。

香奈儿麦迪逊大道的店铺企图重现香奈儿的巴黎公寓的视觉效

果，香奈儿本人收藏有十几座清代出口的黑漆描金刻画镶嵌屏风，所以麦迪逊店也摆了一座小型的仿制屏风。

而作为一个21世纪的女人，我还是不免跟黄柳霜的刻板印象战斗！虽然近年来有一些翻案文章，探讨黄柳霜的艺术贡献，但是西方人也承认，当今好莱坞对东方演员的脸谱化，仍无异于20世纪初期黄柳霜的世界。

这个黄柳霜是谁？作为一个出生在美国的电影演员，她是第一个在国际影坛上崭露头角的华裔女演员。但是她的职业生涯把她定型为窠臼的两极：不是张牙舞爪的"龙夫人"，就是屈从卑微的"蝴蝶夫人"。

两种角色都有同样的下场：到结局时，必死无疑！

大都会博物馆的"中国：镜花水月"展，展示了黄柳霜在1934年的电影《石灰屋蓝调》里穿的"龙夫人袍"，它具有19世纪与20世纪之交的"美好时代"风格，高领的绸缎，全身镶了以银色和金色亮片堆砌出来的龙图腾，是派拉蒙电影公司的首席设计师特拉维斯·班通的经典之作。

黄柳霜扮演的角色启发了"龙夫人"的代号。可是在美国文化里，当"龙夫人"(Dragon Lady)可不是什么好事！这个从20世纪30年代起便成为美国俚语的固定名词讲的可不是清纯可爱、小鸟依人的小龙女，而是指强行霸道、神秘邪恶的东方女人。

只有到2000年王家卫的《花样年华》电影问世，张曼玉换了二十多件旗袍，旗袍才又性感了起来。

我第一次穿旗袍出席纽约正式社交场合，是2010年5月。我的好友著名室内设计师白爵飞在他的家里为英国爱德华王子举行鸡尾酒会。白爵飞号称"亿万富豪的设计师",住在上东区一幢独立的白色四层洋房里,室内的每个细节都为他的设计品位打广告。他的洋房也是曼哈顿的小地标。

白爵飞和我一样迷恋20世纪30年代的好莱坞老片,他的派对完全体现好莱坞范儿的光彩魔力。我知道,我将在这场派对里见到纽约上流社会的俊男美女、欧洲的贵族、美国的富豪;我也知道,我将是唯一或少量的东方人。

当时,正巧我刚从上海量身定制了一件紫色无袖旗袍,提花缕空丝绒,银色的亮片呼应着紫色与银色的滚边、嵌条、绱领子。裙子几乎及膝,中等高的开衩,直截了当,没有额外的细节。我觉得传统的旗袍款式最适合我,因为很多改良式的旗袍比例不对,而柔软的面料可以表达现代女性自由活动的生活情调。

为了避免看起来"老气"或"民族风",我没把头发扎起来,也没戴中国式的珠宝。

爱德华王子造访纽约,是为了爱丁堡公爵奖(The Duke of Edinburgh's Award)的国际基金会募款。这个公益项目创立于1966年,由英国女王的夫君菲利普王子发起,借着表彰青少年和青年,完成了一系列模仿库尔特·哈恩的自助自强演习,鼓励14岁到24岁的年轻人参加社会活动,积极锻炼身体,发展兴趣爱好,找到人生目标,并热心助人,以乐观的心态面对生活和世界。

嘉宾交流了一个多钟头后,门口总算起了一阵骚动,爱德华王子的出现显然让纽约的名流也觉得高贵起来,交谈明显集中在爱德华王子的身上,而主人依次把在场的要客介绍给王子。

虽然我的中国旗袍,既不是为了"代表中国"会见王室,也不是想"代表中国服饰"。但是,我觉得很自在,很现代。

那我和爱德华王子谈了些什么呢?当然是在中国推广爱丁堡公爵奖!

派对女郎怎么当

我在纽约的派对可真挺有名。因为我的派对,我被提名(后来当选)纽约服装设计师学院首位亚裔董事;因为我的派对,我搭建了一条中国人走向纽约的时尚桥梁。

如果我对你说,我其实很怕派对,你一定认为我口是心非。

那我这个派对女郎是怎么当的呢?

我当主人和中国料理大厨的天分是在巴黎逼出来的,我在巴黎只住了三个月,但是我的酒量跟我的品位都是那儿练出来的。我到现在都可以闻到刚到巴黎时,空气里挥之不去的悠悠法棍面包味儿。

在此之前,我是个地道的远庖厨女子。在家里的时候,从来不需要过问厨房里的事,但是,我倒是从父母的美食家教里,养了一个好的胃口。

初到巴黎,一个朋友都没有。我向一个从事旅游业的法国女孩转租了她的公寓,比一般法国学生的住宿都宽敞。后来我联系上一个台湾来的女孩儿,便随她进入了一个法国朋友圈:学法律的法兰斯,学经济的费德里科,学戏剧的罗兰,准备去当兵的艾尔文。我们一伙儿十几个人,每隔两天都要碰面儿,轮流在家里请吃饭。

轮到法兰斯当主人的时候,他最喜欢做橘子鸭胸。亚历山大的招牌菜是香米五彩蔬菜沙拉。我们的聚会通常晚上9点开始,先不温不火地聊上一个多钟头,就着核果、小食、红酒或白酒,无所不谈。到11点人来齐了,就这么一道菜、几片法棍面包打发了一餐。最多有时加一个甜点。

我既学法文,又学法国酒和法国菜,还交了一群带我认识巴黎的死党,好幸福!

轮到我作东的时候,我便跑到第十三区的小中国城,买超大的温州馄饨皮、绿豆芽和肉馅,创作起爽口的刘氏温州大馄饨,配上伶俐的酱汁。发觉居然可以骗骗美食至上的法国人之后,胆子就大了起来。

哈,原来,做菜可以交到很多朋友!

回到耶鲁之后,我开始不定期地邀请我的教授和同学到我家吃饭。对于这些法文系、比较文学系和哲学系的教授,我可能是他们课堂上唯一的东方人。我的"饭店",也就是他们难得一见的中国家宴。

当时通过外国学生联谊会,一位在耶鲁医学院的副院长收了我当她的干女儿。我的"干姐"奥紫娜从土耳其到耶鲁攻读机械学硕士,我们常常在一块儿吃饭。有一次,我请我的美国干妈和土耳其干姐到我家吃饭,吃到一半,奥紫娜跟我说,"你真有品位,到你家之后,我才知道中国人住的地方也有不脏的。"这样的褒奖对我的中国耳朵来讲,真是刺耳!

就她这一句话,打动了我要当争气主人的野心。

我想，所有漂外的中国人都有三毛《沙漠中的饭店》的经历吧。

大多数美国人对中国菜的了解，也仅止于低廉的中国外卖。在很多美国人的认识中，美式中国菜酸甜油腻，不上档次：甜酸咕咾肉、左宗棠鸡、李鸿章杂碎、炸鸡蛋卷，最后还得捻破那个幸运元宝饼，抓出签条学句汉语吉祥话儿！

《欲望都市》里"大"先生头一次与主角凯利上床之后，带她去了一个便宜的中国餐厅。在纽约人的意识里，请女友上中国餐厅就是一个"廉价约会"（Cheap Date）。所以，我想要以"高大上"的中国料理来扭转西方人对于中国美食的错误观念。

可是，一个靠奖学金过活的研究生，怎么办一场气派的刘式沙龙呢？

我记得刚到耶鲁的时候是8月，耶鲁大学的欧洲贵族气息和纽黑文的没落形成了非常强大的对比。当时，耶鲁是全美资金最雄厚的大学之一，纽黑文却是全美最穷和犯罪率也居高的城市之一。即使是一个靠奖学金上学的学生，我也觉得要活得有气质，要有家的感觉。

我当时住在靠近耶鲁艺术学院，也就是在英国艺术中心隔壁的一幢名为"牛津军库"的私人建筑。刚到纽黑文的头几天，就到耶鲁附近的一家梅西百货公司淘宝，那里有一层专卖家庭用品，许多不成套的瓷器廉价出售。我买了一批日本韩国制作的瓷器，一件最多不超过半毛钱。

在梅西百货的附近也有几家布店，我又去挑了几件零码布，一架二手的缝纫机。几天后，花布就变成了床罩和窗帘，零码的米黄色地毯盖住了粗糙的地板。

周末逛临近社区的庭院旧物售物会，我找到了长条的木板和零散的砖块。在公寓的一面墙上，搭起了可积可卸的6米长的书墙。徐志摩不是写过吗？"数大就是美"！每一本书的书脊都代表了一个宽阔的世界，不自主地牵引人的思绪。我的书甚至比一些耶鲁的讲座教授还要多。再挂上四川画家李华生为我题的"听泉"意象字，苏州才女张充和（名作家沈从文的小姨子）题的书法，我的"卧龙居"就开张啦！

我的刘氏家宴，成为我交朋友的工具。朋友开始问我：你的厨艺是从哪里学来的？

我的回答总是：看来的。

我的父亲是一个极会做菜的人，他可以把几根葱、几片牛肉炒成一盘精致的葱爆牛肉。小黄瓜加胡萝卜衬出鱿鱼双脆，耀眼的红、白、绿。其实，他用的食材都很简单，但是他的厨艺，一则来自乡愁，另一则来自艺术。总之，每个细节都有他的讲究。他特喜欢到大饭店和小馆子与名厨切磋，学几招秘籍，然后就在饭桌上讲给我们听。所以，我也不自主地听了几招。

有几次，我们在餐馆里吃饭时，他跟厨师较劲动真格了，还自己跑到厨房"露一手"给厨师看！后来我看陈凯歌《霸王别姬》里袁四爷在后台坚持霸王出场该走七步，而不是五步，讲的就是中国文化里，即使客串的业余雅士也追求专业的素养。这令我想起了父亲。

父亲请客的时候喜欢做十道菜。我也继承了这个刘式家宴的风格。

对于西方人来讲，出十道菜，先吓坏他们，让他们不敢忘记这场一生难再的私人家宴。我收藏的书和艺术品给我的客人一种餐馆里找不到的韵味，毕竟，多少人能在一座图书馆里，或是美术馆里吃饭？

其实，我做的都是讨喜的懒人菜。我收了很多日本的陶瓷，用惊艳的大盘子装精致的菜色，显得非常大气。

我的宴会也就是我的人生格言：不中不西，亦中亦西。

我常说，考验一场宴会的不是宴会时候的口感，而是隔天的感受。在我家吃了撑死的人，隔天还可以瘦一斤。

能做菜的时间很短，最主要是脑子里面先有构思和布局。十道菜，四个炉灶肯定忙不过来，必须用不同的厨具，不同的时间段来完成。因此我避开需要快炒，油烟大的菜式。

这是我对菜单的考虑：

上海葱拌白萝卜丝（冷盘，可以事先准备）

福州红糟肉（下午先烤好，精瘦无油，切超薄片，撒上秘制酱汁）

泰式海鲜盅（酸梅汁醒味，带强烈柠檬草的香味，充满异国风情）

福州肉燕汤（独特精肉打成的馄饨皮，在美国非福州人绝对没有吃过）

茄汁小排（前夜腌好，只需进烤箱）

凉拌龙虾金针菇（谁不爱龙虾？）

红烧蹄膀（去油后，用德国快锅炖得骨酥肉滑；上菜前热上即可）

清江菜胡萝卜（补补维他命 A＋C）

清蒸桂花鱼（鱼香，入口即化）

红豆椰丝糕/豪华水果拼盘/冰激淋（美国人基本不爱中式甜点，就喂冰淇淋呗）

菜式要对味，人气也要对味。宴会前，我多半的时间都花在策划客人的搭配互补。最近我在纽约的一场摄影艺博会中，遇到我的朋友爱丽丝和马赛洛，他们是十几年前在我家吃饭时认识的。多年来由于对摄影艺术的共同爱好，他们之间已经变成了比我更亲密的忘年交！

我从律师楼退休之后，香奈儿邀请我主持一场新款高级珠宝发布会，我的50多个客人，操着十几国不同的语言：西班牙的贵族、德国建筑师界的大腕、法国的香槟世家继承人、中国的新兴企业家、美国的高盛合伙人……他们觉得能认识彼此，简直不可思议。也就在这场香奈儿派对中，纽约服装设计学院博物馆的一名董事，觉得我的装束和派对是纽约名流圈少见的，因此推举我成为博物馆的首名亚裔董事。

我曾经在家里请了法国酩悦·轩尼诗—路易·威登集团北美洲董事长，他曾是法国总统习哈克内阁的商业部长与内政部长。后来我创办杂志的时候，即使还没看到样刊，他帮我介绍旗下的子公司，如名牌迪奥、芬迪，鼎力赞助杂志出刊，因为我的宴会让他见识了我的品位和执行能力。

好书抵过好面膜

好莱坞电影《电子情书》(1998)里面的经典情节变成了对传统书店的凭吊:在纽约的上西区,凯萨琳凯莉经营了一家从母亲继承的小书店,已经有40年的历史,是社区街坊生活的一部分。而她的死对头乔弗斯就在隔街开了一家连锁大型书店,以各种折扣和手腕挤压小店生意。

而现在的纽约,就连这样的大型书店也没有办法生存。曾经伴着我在美国度过青涩岁月的博德斯连锁书店已经在2011年宣布倒闭,关了399家卖场。而美国最大的实体书店巴尼斯与诺布尔,也岌岌可危。

有人说,我们已经进入了不读书的时代。

如果我们的街道不再出现书店,我们的生命里面只有电子书,甚至在我们这一代里面,我们已经不读书了,那会是什么样的世界?

巴黎的美丽,就在于街道林立的书店,那些小书店依然煨着我们对世界的梦想。

没有人可以经历全世界,靠着书,我们换来的不是廉价的替代品。

俗语里读书有两个意思：一个是求学，也就是学习；另一个更直接，就是阅读书籍。完成教育之后，不再读书的人大有人在。所有的读书本身不是目的，而是使我们得到以读书来自我教育的能力。这就是读书的作用。

李苦禅认为"鸟欲高飞先振翅，人求上进先读书"。但那还是一个士大夫的时代。在我们的年代，只有当读书能直接帮人赚钱，那么所有人都会相信读书的好处。

在大学的时候，尼采、歌德的作品和《红楼梦》冲击了我对文学的梦想。

奥地利诗人里尔克，伴我度过初到美国的迷惘。他的流浪，他的诗集，他给青年诗人写的信，他的艺评，他的自传，都握着我漂泊的心。

> 是的，春天需要你，许多星辰
> 指望你去探寻它们，过去有
> 一阵波涛涌上前来，或者
> 你走过打开的窗前，
> 用一柄提琴在倾心相许，这一切就是使命，
> 但你胜任吗？
> ……（当伟大而陌生的思想在你
> 在你身上走进走出，并且夜间经常停留不去，这时你就想把她隐藏起来。）

我对知识无限狂热,汲取各种知识,以扎实的功底迎接人生挑战

把一个诗人的作品都读尽，挑战自己的诗风，仿佛与他比剑后，又看尽了他一生繁华与褪色。

在耶鲁的时候，有个教授曾经跟我说，你现在可能觉得孤单，但是只要在你的领域里面继续深造，你就会在顶峰遇到许多跟你志同道合的人。在顶峰还未到达之前，书就是我的伴侣，让我从生活里的琐碎不堪、多愁善感里跳跃出来，重新看这个世界。读传记，不是想模仿别人的人生，而是想刺激自己奋斗的灵魂。

我刚来美国时，没事就去泡书店，研究英国浪漫时期的作品，买有关艺术家兼作家威廉布莱克的精装绝版书。

知道我喜欢书的人，也总不忘在我的生日时送我更多的书。而且我只读纸本书，嫌电子书伤眼。还是甩不掉那些书本的美好回忆。我已经数不来，那时究竟积累了6000本或7000本书。

我收藏了一千多本诗集，从法国象征诗人马拉美到苏东坡的全集和全宋词。

为了艺术收藏，我收了关于收藏作品的背景的图录，比较艺术家风格的转变。我的书架摆满了当代艺术名家的专书：《安迪霍尔作品图录全集》《草间弥生》……读艺术图录，是因为原创者也必须在艺术史面前诚实。罗丹的传记让我感到他在做巴尔扎克雕塑时的挣扎，他的坚持。

为了收藏古着，我从时尚史与名设计师专书中，摸索款式与技艺的时代性。

读食谱，是因为想把异国旅行的味道在家里面加热。好的食谱不可无图，再高尚的心灵，也不如为家人为自己做一道幸福的菜。

但是我收藏食谱,其实并不为了厨艺。我喜欢阅读食谱,就像阅读一个陌生的国度。德国、意大利、法国、西班牙、日本、泰国、韩国、越南,以及法国南部。我在闽清老家的时候,堂弟乃本送了我几本祖传的福州菜谱,斑驳的封面与手泽又增加了美丽的负担。

"书到用时方恨少",但是陆游的下联:"事非经过不知难"提醒我们,书本没有办法取代现实。

在律师事务所工作的时候,我的前夫曾笑我,我这个以前习惯读莎士比亚的文科学生,后来我的读物却尽是金融、会计、投资分析、股票期权。

在那些日子里,经常早上7点摸黑在拉瓜迪亚机场,搭往多伦多的第一班飞机;晚上8点在多伦多的机场,看着机窗外冰雹凝聚的雾气。整个黑暗吞噬了跑道,整个现实吞噬了我,只焦虑当夜能不能赶回纽约继续完成客户急需的法律合同。

那几年,已经没有从头到尾读完一本书。

海伦凯勒把一本书比喻成一艘船,带领我们从狭隘的地方,驶向生活的无限广阔的海洋。在那段没有书的日子,我的世界更狭隘了。

读万卷书,是为了在行万里路的时候,能够在视线紧密接触的现实之外,看到更多的东西。

读经典书,是为了洗涤灵魂的杂质,截取历史的智慧。我们在与时间在赛跑的时候,能有一种回归的温馨、一种青涩但是认命的知觉。

全球首富比尔盖茨每年大约读50本书,而且只读纸版书。他专门开了一个博客名为"盖茨笔记",不仅分享他的个人行程和在可续、能源、慈善事业方面的心得,还撰写书评。

为什么一个似乎可以拥有更多刺激性娱乐的人，还要读几本书，做笔记呢？

莫非一个积极的有钱人，在积聚了一生的财富之后，只是为了图一个能够读书的闲情逸致？如果富可敌国的富豪都能够享受这样简单的乐趣，我们未尝不可？

"你结婚的时候没有嫁妆！"我长大的过程中，父亲说过好几次。后来我才明白，我的嫁妆就是这个：一生爱读书的习惯。这是没有人能剥夺的财富。

记忆中的父亲，总是手不释卷，他最喜欢的是历史小说，特别是《三国演义》。他年轻时候的照片，玉树临风，手里捧着一本书。或许，读书和藏书，是我跟他之间联系的密码。

如果，读书可以预防脑残。如果，读书可以预防早衰。如果，读书可以抵抗失忆。如果，读书可以把青春还给我。

那么，一本书，可以使我美丽，可以抵过一张面膜。

如果你到一个荒岛之前，只能带一本书，会是哪一本？如果我跟鲁滨逊一样，来到一座荒岛，我会很庆幸身上有一本《圣经》。

书并不能使我们与理想梦想之间画等号，但是却可以让我们在有限的选择中，看到一线生机。那些陪伴我度过孤独苦涩少年的书，也使我有了一份自我疗伤与自我超越的自信。

我又想起里尔克的诗句：

想一想：英雄坚持着，即使他的毁灭
也只是一个生存的借口：他的最后的诞生。

在人类历史的长河中，我不求成为一个伟人，但是我可以站在伟人的肩膀上。书里的知识，并不能取代经验的教诲，但是它可以给我再生的勇气。即使当我青春逝去的时候，我也可以击掌高歌。当我交出手中的接力棒，投射在我身上的不是影子，而是更深刻的世界。

part 2 行走"贵圈"要诀

当特朗普带着他高挑美丽的女儿,以及英俊的女婿,乘着升降梯降落到广场时,一时无数灯光闪烁,引来无数侧目与骚动,我就知道这场活动有戏了。

"秘密武器"特朗普

我创建的杂志在2011年11月创刊后,本来当时就该举办一个庆祝活动!但是,我的个性是,一旦出手,就得高招。直到2012年5月才举行创刊庆祝酒会,当时我挑的地点是,特朗普国际集团在曼哈顿第五大道靠近57街之间的特朗普大厦。

这幢58层的建筑物是特朗普在1979年,租毗邻著名的蒂芙尼公司的地盘,斥资2亿美元由Der Scutt设计的商场公寓混和式楼盘,当它在1982年开业的时候,粉红色大理石打造的六层庭院和一座5米的瀑布立即爆红。豪华的建筑吸引了知名的零售商店和名人租房,并打出了特朗普品牌的号召力。

说老实话,曼哈顿的地标不少,但我就是冲着特朗普来的。

在特朗普的宝地举行活动,自然会吸引很多中国高级消费者及媒体的注意力。有西方大咖压阵,才能吸引西方媒体的注意,从而达到一箭双雕的效果。

我的合伙人古杰瑞,不喜欢借老丈人的名声做事。于是我意识到,不能指望我的合伙人去蹭场地,就自己直接与特朗普国际组织的高级管理层对接,以一年免费的广告换来了在特朗普大厦的底层广场举行高级酒会的权利。我当时坚持的"交换"条件之一,就是他们必须要派特朗普先生本人,以及他女儿伊凡卡同时出席。

直到晚会的前几天,我才通知古杰瑞:

《约》的创刊酒会已进入倒数计时!郎朗与他的妈妈已确定出席。我个人邀请的三四十名重要贵宾,都是博物馆董事级的大咖,包括潘通国际标准色卡公司的创办人,吉尔·赛克勒夫人(她与已故的夫婿赞助了大都会博物的赛克勒画廊,美国国立博物馆体系的赛克勒美术馆和哈佛大学赛克勒博物馆等等),还有DIOR,FENDI等名牌的北美董事长,以及许多中国富豪。

《女装日刊》和《华尔街日报》将派遣顶级记者。期待着看到伊万卡和你!还有你的岳父!

杰瑞马上回了一个邮件:"真棒!我们都很兴奋!"

当特朗普带着他高挑美丽的女儿,以及英俊的女婿,乘着升降梯降落到广场时,一时无数灯光闪烁,引来无数侧目与骚动。我知道这场活动有戏了。

那天,伊凡卡穿了一件白底黑点的无袖上衣,一件黑色长裤,衬着180厘米的骨架,非常随和亲切。

伊凡卡在7月刚生下他们的长女安娜贝拉罗丝(Anabella Rose)。

古杰瑞跟我说伊凡卡正在找中国保姆，问我有没有什么想法？

我说："除了靠谱，有爱心，有教育水平的条件之外，既然要跟她学普通话，最好是找北方人，特别是北京来的，求个字正腔圆！"

古杰瑞常常戏称他自己是纽泽西州来的土孩子，没有什么国际经历。所以，给孩子雇个中国保姆全是伊凡卡的主意。

其实伊凡卡并不是第一个西方父母为无中国血缘的孩子请中国奶妈教汉语。十多年前，量子基金的共同创始人和罗杰斯国际商品期权指数（RICI）创始人詹姆士罗杰斯，就曾因此而受媒体瞩目。罗杰斯与他的老婆都是西方人，他的长女一出生，他就雇了一个中国奶妈。我曾经见过他的女儿，四岁的娃儿，汉语讲得很溜。

伊凡卡的母亲伊凡娜是捷克人，所以没有"惧外症"。她曾经当过模特儿，因而有在各国旅行的经验。我在《伊凡卡自传》里读到，她的护照里面有就90多个国家的出入关印章。这点我很佩服。

2014年12月，伊凡卡把女儿安娜贝拉说普通话的视频，发表在YouTube上。"小白兔，白又白。两只耳朵竖起来。爱吃萝卜和青菜，（白）吃萝卜蹦蹦跳跳。"从视频看来，安娜贝拉的卷舌都讲得很好，大概是听了我的忠告！

安娜贝拉出生后，古杰瑞和伊凡卡请我给孩子起个中文名字。我给他们三个建议，并解释每个背后的意涵：

中国人的姓在名之前，外国人选择一个中国名字，应经过综合性的考虑，兼顾外文本名的语音和意义：

1. 古雅乐

发音：gu-ya-le

含义：古典、优雅、欢乐／音乐

注：古是传统中国姓，接近父姓Kushner的"K"的声音，很优雅。乐，当"yue"发音时，也意味着音乐。因此，在视觉上会让人联想到幸福和乐感的图像，因为中文是带有画面的意象文字。

2. 古爱乐

发音：gu-ai-le

含义：古典、喜爱、喜悦／音乐

注：古是中国姓，接近Kushner的"K"的声音，很优雅。乐，当"yue"发音时，也意味着音乐。因此，在视觉上会让人联想到幸福和乐感的图像，因为中文是带有画面的意象文字。

3. 谷玫瑰

发音：gu-mei-gui

含义：山谷里的玫瑰

注：谷是中国姓，玫瑰作为一个复合词，指的是玫瑰，应和了安娜贝拉的中间名Rose。总之，像一支山谷的玫瑰，或《圣经》中《所罗门之歌》所唱的："我是沙崙的玫瑰花（或作水仙花）、是谷中的百合花。"

我希望你喜欢这些建议。如果你从其中选择，请让我知道是哪个。方便随时提问。

古杰瑞说："这些都是很好的名字。我已与我的妻子分享。她还要想想。她喜欢音乐的联想，符号看来都很美。等到她决定了再回复。再次感谢！"

过了几天，杰瑞又写了："我们选了3号！我们下次见面时，再进一步讨论。"

对于伊凡卡选了带有旧约圣经典故的名字，我一点也不惊讶。在她嫁给古杰瑞之前，就经过严格的教义学习课程，正式改信杰瑞从小长大的犹太正教。

伊凡卡为了古杰瑞改信犹太正教，这我能理解，不仅是因为我自己曾经有一段时间也考虑为我所爱的人，改信犹太正教。犹太正教典型的印象是生活态度比较保守，比方说安息日完全不工作，不用现代设施的"闭关"。我相信这种宗教的力量跟纪律，对于婚姻和家庭生活，还有个人修养，都非常有帮助。

而伊凡卡的特色是，她虽然改信犹太正教，却依然保持她的独立性、现代性。她一方面在星期五的时候，可以卷起袖子家里看食谱做晚餐，另一方面又拥有她自己的珠宝和时尚品牌，并在她父亲的公司担任高管。

《约》杂志因为装订的方式，每期页数必须为四的倍数。如果我们有任何多余的页面，我一定给伊凡卡珠宝免费的广告，她的珠宝通常是由她自己代言，所以我们的杂志都可以定期看到她佩戴着自己品牌的珠宝亮相。

伊凡卡没有仗着先天优越的条件而懈怠，她曾经描写小时候打工赚零用钱的情景，这是特朗普和伊凡娜的家教。2016年2月在中国农历年的前夕，亦凡卡又发表了安娜贝拉穿着红色鲜艳的中国式小礼服朗诵中国诗歌的情景。这首唐代李绅的作品，或许就是特朗普家传的"祖训"呗！

"锄禾日当午，汗滴禾下土。谁知盘中餐，粒粒皆辛苦。"

我后来常常在《纽约观察者》的重要活动（如周年庆）见到特朗普先生。每次我见到他的时候，他总会停下来跟我闲聊。我既不抢着去跟他合照，也不会眼巴巴地要讨好他，我就把他当成一个普通朋友来看。这是在纽约与名流交往的潜规则。

有钱人更爱出名

什么叫作纽约"上流社会"？纽约现在还有所谓"上流社会"？还是已经转变为"名流社会"？

上流社会和名流社会的主要区别是：上流社会看的是世系、金钱和声望，而名流社会看的是赤裸裸的名气。

19世纪时，大量财富的积累创造了美国上流社会的自觉，但长期以来纽约的上流社会还是以盎格鲁—撒克逊白种新教徒为主导，老富看新钱就是不顺眼。而这种阶级意识在第二次世界大战之后产生变化，老势力纽约家族，像洛克菲勒，也逐渐接纳像雅诗兰黛家族这样的新富。

美国没有爵位，但是每个人都爱贵族头衔。这个历史渊源要追溯到19世纪后期的"镀金时代"，有钱的美国人就要嫁娶有头衔的欧洲人，即使是没落的欧洲贵族。就像《唐顿庄园》里的格兰瑟姆夫人，原是美国女继承人，旧名为科拉·莱文森，她嫁给英国贵族格兰瑟姆勋爵后，以财力支撑他摇摇欲坠的祖业，并以伯爵夫人的头衔自称。

格兰瑟姆夫人就是典型"镀金时代"的产物:"美元公主"。

美国作家亨利·詹姆斯和伊迪丝·华顿的小说,反映了美国19世纪后期由于巨富崛起而形成的"镀金时代",美国创造新的财富,而欧洲正逐渐没落。当时的美欧联婚,代表了旧大陆与新大陆之间势力的消长,也带来价值观念的冲突。

当时年轻的美国女继承人拥有丰富的新财富,但是不被美国上流社会接纳,便横跨大西洋追逐美国人没有的贵族头衔。而欧洲的贵族,正需要新鲜的资金来帮他们修护庄园里漏雨的屋顶和破烂的窗户。

华尔街大亨的女儿珍妮杰罗姆,嫁给兰道夫·丘吉尔勋爵,生下前英国首相温斯顿·丘吉尔。

另一个华尔街富豪的女儿,弗朗西丝·沃克(后称弗朗西斯·伯克罗氏夫人),就是戴安娜王妃的曾祖母。

除了欠缺新大陆的电力和暖气之外,旧大陆的头衔并不能为幸福打包票:珍妮杰罗姆的婚姻里,大多数时间丈夫缺席;戴安娜王妃的曾祖母离婚,在她的贵族老公几乎输光家业前,她的父亲威胁切断她的资金而回到美国。

随着乔治五世国王1911年加冕,旧大陆逐渐反对"美元公主"引进的现代作风。而即便不带贵族头衔的美国女富二代,也逐渐打入美国上流社会,变成有资格发送邀请函的女主人。

在上流社会世界里,有资格发送邀请函,主持慈善活动是爬上社会顶峰的方式,有人甚至认为美国人发明慈善晚会来取代欧洲的化装舞会,因为早期的清教徒传统,不支持夸张奢华的化装舞会。现在的纽约多的是慈善化装舞会，但是还不如上名流网重要。

纽约许多公关专家的势利眼，都是职业病，治不了也不想治。每天早上起来还没有喝咖啡之前，他们便打开电脑，浏览名流网上刊登的夜生活及慈善活动图片。名流网的搜索指数，顿时提高或降低某人在这些公关人士眼中的地位。越是有名的名流，收到的派对邀请也越多。

纽约的派对王彼得·戴维斯曾经在《纽约时报》的访谈中说，"现在的社会趋势是，如果帕特里克·麦克马伦和比利·法瑞尔不拍你的照片，这个派对里就没有你。如果派对里没有你，纽约就没有你。"

也就是说，在我们这个年代，如果参加活动，不被专拍名流的摄影师拍照，你就不存在。

帕特里克·麦克马伦就是纽约名流摄影企业化的大师。他的官网即时更新由他和旗下摄影师团队拍摄的A-list名人、巨星、时装设计师、模特、演员、政治家、媒体大腕和权力精英的丰富图片。而他的PMC杂志，涵盖艺术、时尚、电影、电视、音乐、文学、旅游、商业、政治等图像和故事，是纽约社会的缩影。

麦克马伦本人爱派对众所周知，据说他还在纽约大学念商业学位时，以业余摄影师的身份拍摄名人，捕捉当时纽约"派对盛世"的景象，也受到艺术家安迪霍尔的鼓励，先知先觉地把曼哈顿夜生活与商机结合起来。

现在效仿麦克马伦的摄影师可多了，但是没有一个能够像他那样知名，他最主要的诀窍是，他在摄影的过程中，跟名流打成一片，而且有相当程度的互动。每当我在慈善活动中看到他，短短柔软红棕浅金色的头发，细致的爱尔兰皮肤，就像18世纪中国外销陶瓷里面的仕女一样，带着浅浅的红晕，我立马可以感觉到他带来的活力。即使他拿着相机做他几十年下来同样的工作，他还是一个陶醉在派对气氛中的派对王。

为什么有钱有势的纽约人还要上名流网？除了满足观者本能的偷窥欲和猎奇心态外，更因为它们是媒体资讯的索引，也是公关发布推广的渠道。名流网提供了美国夜生活的主要视觉档案，各大媒体如《华尔街日报》《纽约社交日志》《纽约时报杂志》《纽约观察者》《时尚芭莎》《大道杂志》及其他时尚杂志，经常转载麦克马伦官网上的图片。目前麦克马伦的官网攒了2100多张关于我的图片，都是我离开华尔街后拍的。

麦克马伦多次展出他的摄影作品，本人的名气超过许多他镜头捕捉的人——有名或不有名。但是他却是少数出入媒体界，丝毫没有势利眼病的怪胎。

麦克马伦的导师安迪霍尔的名言是：每个人都追求15分钟的名气。但是，我更相信融合古典与爵士的美国现代音乐圣手温顿·马萨利斯所说的：成名就像是一个假的贵族。

蒂凡尼礼仪

许久以来,到美国人家里坐下来吃饭,已经变成大事。家庭派对时候顶多就来个豪华不菲自助餐,客人来去自如,多一个,少一个,都不是事儿!

我既然晃了"派对女郎"的虚名,为什么还怕派对呢?

其实常常当主人的人,特别能够了解办派对的苦楚:越少人数的派对越难操办,只要一对夫妇不靠谱,派对就黄了!其他高端客人的日程好几个星期前就排满了,没兴趣补他人的位。临时去抓人,又觉得不礼貌。

但是,根据我的经验,请的客人如果是周游在国际名流间的"高飞族",肯定到宴会前几天,会收到突然某些人的通知:

"哎啊,突然必须到伦敦办事。"

"糟,我母亲病了。"

"我太太想起了,那天是我们的结婚纪念日,来不了。"

在我的宴会名单里,有个棒球原则,如果这个人三次撒野,就

OUT（出局）了！我就再也不请他！

经常当主人，就知道怎么样设身处地地当好客人。

3月的时候，纽约一对很有名的艺术收藏家夫妇办了一场家宴，丈夫是原籍古巴的税法律师，曾经是光圈摄影基金会主席，夫人是惠特妮当代艺术馆董事，在纽约各大美术馆都捐了很多艺术品。他们对待我如女儿。

这次家宴的主宾是我们共同的朋友，来自巴黎原籍比利时的玛丽诺勒·德拉博伯爵夫人。玛丽诺勒在纽约首度雕塑作品展刚开幕，这次的雅集就是为她办的庆功宴！两桌共16人，在简短的鸡尾酒后，每个客人都对应着名牌就座。法式紫罗兰花案的桌布，镶银边的餐盘与银餐具，巴洛克式水晶酒杯，前菜是龙虾浓汤，主菜是鸡肉彩蔬馅饼，然后由小生菜沙拉加起司收尾，再来个巧克力松饼甜点。

这16人中，我认识过半，包括法国文化资产基金会会长，但也有不少新识。在侍者撤了主菜，主人致辞后，我看没有客人发言，就敲着杯子，吸引其他客人的注意，然后说："今天来的客人都有两个共同点，一个是爱法国，一个是爱艺术，但是我们都更热爱主人桑德菈与谢尔索。"这就是西式的敬酒！

在这场宴会中，我可以看到主人请的都不是在社交圈浮晃的客人，他们也比较靠谱。在主持各种场面派对的过程中，我也可以领略到各种人的应对能力。有些人很准时，有些人很不靠谱。我也认识到了客人个性中有我所不知道的一面。

即使是特别重视礼节的朋友，有时候也会出错。有一次，我请了一桌人吃饭，事先明明就已经问过客人有没有饮食的限制：没有！

耶鲁上学时,我的书房一角

在美国的家的书墙旁,我接受美国中文电视台专访

我黑黑直直的头发

创刊酒会上我的秘密武器:特朗普、伊凡卡、古杰瑞

经常在各种活动中与特朗普相遇

与特朗普前妻伊凡娜一起看秀

身穿20世纪80年代华伦天奴的高定作品，获得他的称赞

身穿20世纪30年代的古着，去参观纽约服装设计学院博物馆里我收藏的"林顿裙"

这身20世纪80年代的五彩雉鸡毛与黑鸵鸟毛交织的作品仍很时尚

但是一位客人一踏入我家门之后，马上宣布，"任何与葱有关的东西我都不吃！"

太棒了！真是时候！我私下想，中国菜里不带葱儿的有几道呢？不早说！

《蒂凡尼餐桌仪节》怎么就没提到这点呢？

我刚到美国不久，就买了《蒂凡尼餐桌仪节》。这本书是20世纪中期蒂凡尼总裁沃特豪温在1960写的，书的副标题是"青少年指南"，但是50多年来，已成为礼节书的经典，连《好印象只靠三秒钟》的作者都宣称，该书是曾推荐给5000名企业领袖的必读。

从就座，喝汤，吃鱼，吃肉，沙拉，甜点到犯忌，这本以"蒂凡尼蓝"颜色为封套的小书，讲的是20世纪的礼貌：

> 年轻男士理应协助在右边的女士入座。两位都入座后，不要左顾右盼，像一只惊慌的甲壳虫四处张望。对着坐你右边的年轻女士开始交谈。
>
> 有些人将刀叉汤匙以尺寸序列，你必须学会如何分辨鱼刀和肉刀，鱼叉和肉叉。如果没有专门切鱼的刀叉，则用小尺寸的刀叉。如果你犯了错误，就继续吃。别把用过的刀叉放回桌面。装着没事。

但是，如果连犯了错误都不知道？多年来我观察到的派对客人失误，通常不到餐桌礼节这块儿。而是常识。

比方说，客人一见到主人时，就开始冗长，或是有隐私性的话题，紧紧霸着主人不放:"我们刚从圣巴特岛回来,跟波姬·小丝和她老公吃饭。你女儿不是想进军好莱坞,要不要我给你牵线?"

主人的任务是招待"所有的客人",客人的义务是与其他客人交流。这不是讲悄悄话的地方!下次去圣巴特岛,把主人一块带上呗。

比方说,派对前一小时才急急忙忙在主人手机里留话:"我今晚该穿什么衣服?"派对前正是准备就绪的最后关头,饶了主人吧!

比方说,先是说"我可不可以带五个朋友?"到时候,自己与五个朋友都放鸽子 No show!

比方说,只顾着拿着手机自拍,而不跟其他客人搭讪。

比方说,只忙着发朋友圈,用微信(而不是口语)与在场的其他客人互动。

比方说,坚持只跟自己的爱人贴着坐。西方的礼仪是一男一女间隔,而且是把夫妇错开坐,鼓励客人与其他人交流。

我办活动的时候,常常有团队里的年轻女孩儿费心打扮得很漂亮,但是整场好像无所事事、极其无聊的样子。

"我一个人都不认识!"这是典型的借口。

后来我就教她们每一个人,在两个钟头的派对之内必须收集至少10张名片,或是拿下对方的微信号,这是强迫训练自己在公开场合中能够有效地建立人脉的很好方式。

前法国总统密特朗有一次参加晚会,太早到了!他躲在一棵树后,直到时间到了才出现。如果你是大咖,怕早到丢面子,也不用躲在树后,叫你的司机多转几圈呗!要不,你想提早进场?我可以从主人的角度跟你说,你是个讨厌鬼!

至于撞到一个无聊的派对（肯定不是我的），如何开溜？那得看情况。如果我的主人在晚会中领奖，晚会又没完没了，我会等到主人领完奖后告辞。

参加过一个派对之后，懂事的人需要写谢函吗？我的室内设计师朋友白爵飞，是著名的"派对男神"，我曾经参加过他为英国爱德华王子举行的鸡尾酒会，那可是绅士美女如云。多年来，每当我主持了一个活动之后，隔天必定在邮箱里发现他亲笔写的纸面谢函。我知道他每一个晚上基本上得参加四五个活动，所以能够这么坚持，必须要很大的定力。但是像他这样的人，绝无仅有了。

那你说，派对是用来消遣的，干吗如此认真？给谁看？

我所认识很多成功的人士，派对是工作商机的自然延伸。养成派对的良好礼节，肯定对事业有助。而我也改不了以派对相人的习惯。如果我的客人连个派对都要忽悠我，我干吗还跟他做生意？

慈善晚会的女主角

"你习惯这样的社交圈吗？"

前法国商业部长雷诺·杜特雷尔，在担任酩悦·轩尼诗—路易·威登集团前美洲董事长的时候，曾如此笑问我。我当时出任纽约服装设计学院博物馆董事，每年在博物馆服装设计奖颁奖午宴上担任副主席，雷诺经常是我的座上客。他本身由政界转入奢侈品商界，对我从华尔街转到媒体的经历非常好奇。

我知道他真正想问的是：自从我在华尔街退休以后，进入媒体界，我的生活从一个"与鲨鱼游泳"的极度男性英雄主义世界，变成一个必须与"名媛慈善家"周旋的世界。

时尚、品牌，都是绕着慈善活动走；纽约上流社会的社交与商机，实在与慈善习习相关。

在美国慈善圈，分为几个层次。最高的档次就是用高价捐或买一栋楼的命名权。去年娱乐界大亨大卫·格芬以1亿美元的捐款，获得林肯中心的艾弗里·费雪厅的重新命名权。艾弗里·费雪家族曾经在

13年前扬言将采取法律行动，阻止林肯中心将场地换名。后来，费雪家族同意以1500万的代价放弃费雪厅的冠名权，这个纽约爱乐的演出主场，便明正言顺地变成了"大卫格芬厅"。

其次，就是在高档的慈善晚会中出任主席。而这些活动虽然资金可能来自男性大腕，但基本要靠夫人或千金挂名撑腰：她们的腰包、人脉、策划、穿着，点亮了这些可能沦为窠臼的活动。

如果一场晚会，只有千篇一律的黑白燕尾服，那与职场里清一色的企鹅俱乐部有何不同？这样的活动，哪家媒体会报道？

千万别小看这些慈善活动，其实背后的经营，需要花费非常多的时间。基本上一个慈善晚会的活动，至少有4个月紧锣密鼓的筹备时间。办完一场活动，马上又为隔年的活动操刀。

比方说纽约芭蕾舞团2015年的秋季首映晚会，一晚就募得了267万美元，除了莎拉·杰西卡·派克，出席的名人包括珍妮佛·哈德逊、伊凡卡·特朗普。自从2012年以来纽约芭蕾舞团的秋季晚会，每次平均进账为250万美元，在此之前一次晚会只能拿下120万到130万美元。

而大都会歌剧院2015年的秋季首映会，出席名人有：布鲁克·雪德丝、海伦·米伦、杰西卡·查斯坦，筹款收入超过500万美元；而在2006年之前每场只能拿下200万。

如果以500至700人出席一场规模类似的慈善晚会来算，平均一张票价约在5000与10000美元之间。你说，能帮慈善组织在一个晚上募得这样的数字，还带动整个媒体与群众的关注，这些"名媛慈善家"的影响力能被低估吗？

纽约目前有十六大文化非营利性机构，如纽约爱乐交响乐团、大都会博物馆、MoMA 现代美术馆，计划在未来的几年进行扩建或改建，需要有人为它们总合的 34.7 亿美元预算埋单，而它们也全部都在争取同样的资源，根据《纽约时报》报道，2014 年间 40% 的美国慈善组织面临赤字，因此慈善晚会的作用更形重要了。而这些慈善晚会的女主角大半是所谓的"社交名媛"兼"慈善家"。她们可以在一个晚上筹募几百万美元的捐款。

在慈善晚会里面担任担任主席或副主席，不但要自己买很贵的席位（一桌 10 万美元是小意思），帮忙拉赞助商，请明星或超模，还要靠人脉去卖票，然后拉上相的朋友来助阵。在纽约活跃的社交名媛，这些活动的工作量几近全职工作，需要有社交助理和媒体公关帮忙打理。有些在晚会几个月前，便下单订特制的晚礼服。我的朋友茱莉·麦克洛嫁了地产世家的少东，收藏了许多高级定制的名作，她跟我解释，在纽约慈善圈的潜规则是，一旦亮过相的晚礼服，基本上 7 年之内不重穿。除此之外，还得预约发型师、化妆师，注射保妥适肉毒杆菌素，与牙齿漂白。

因此，一场慈善晚会就是一个光辉的剧场。没有演戏的人，谁来看戏？没有夸张的裙子，谁来带动礼服业、化妆业、美容业、美发业、活动策划、场地布置，还有公关业？

慈善晚会等于是一个社会的缩影，它代表了我所经历与所跨越的不同的领域与世界：金融、地产、商务、时尚、艺术，有呼必到！也就是因为经历过这些不同的行业，不同的旅程，我可以感到不同的价值观与个性取向的落差。但是反而言之，我也看到了就不同世界，不同情境里面的贯通性。

比方说，在纽约芭蕾舞团的首映红毯，即使很牛的阔太太也觉得有点憋屈，因为，纽约第一大首富大卫考克（净资产430亿万美元）的夫人也在那儿。整个表演厅就是她家捐的，所以还冠着她家的名字！

在这个全球的首富精英、欧洲没落贵族、美国新兴暴富都聚集竞技的城市，任何人无时不刻都可体会到自己的社会定位。从势力公关的态度到名流网摄影师的热衷或冷漠。

社会定位算啥？个人的财力与社会定位直接影响到生活品质，也对事业、子女就学有影响。

我逐渐发觉，在某种程度上，这些表面上富丽堂皇的红毯、明星、时尚记者、摄影师和福布斯大款云集的场合背后，居然有像高中生一般的妒忌、攀比和宫斗！《绯闻女孩》的升级版！

没有人喜欢撞衫，或是穿其他名媛最近出席亮相的同款服饰。

那些少数名流摄影师竞相拍照的名媛，总不可避免地招来其他名媛羡慕嫉妒的眼光。

在这些小圈圈里，不只比的是谁穿得好？谁家赚的钱多？或是，谁出了更多风头？即使是声望很高的慈善家，除非他完全自掏腰包捐助，必须建立自己与机构的影响力，而这些影响力需要靠媒体运作。媒体不喜欢干燥的故事，媒体要夸张的服饰、戏剧性的人物，这个就是为什么名媛慈善家自认为有出风头的必要。

一位的女友曾经跟我说："我凭什么心高气傲呢？我有什么了不起？我只不过是比别的女人嫁了一个有钱的丈夫！"

我想有些纽约的名媛可能心里想："我就是比你高一等，就凭我比你嫁了一个更有钱的丈夫！"

作为一个外国人,我珍惜自己的多元世界,我总不觉得要与其他人较劲儿。搞小圈圈更不是我的长项。我始终向往着保持自己的独立性,包括婚姻,包括交友,包括事业。在那个空旷的土地上,我觉得我不需要为一种前置性的价值观主导,我总觉得我可以创造出自己的世界、自己的境界。

所以,我给自己列下了纽约慈善活动的五大原则:

1. 我不是社交花;
2. 我不八卦;
3. 我不谈论自己的穿着;
4. 我不抢风头;
5. 我不跟别人的丈夫调情。

首先,我尽量忽略"参加慈善活动上相的名媛"刻板印象。我是一个有事业的女性,但是我也很喜欢时尚。慈善活动让我看尽人间百态,增加了我的阅历,但它并不为我定位。

纽约有些名流八卦的专栏作家,常常问我,为什么女孩子就不能够对彼此仁慈一点啊? 我想,如果没有坏心眼,那可能就是八卦惹的祸了!

不八卦,那我跟其他的名媛谈什么呢?

我们可以谈时尚和艺术,或是首映会的节目,但我发觉最能打破隔阂的、最有意思的是,谈对方热衷支持的慈善组织。 我不八卦第三者的私事,如果事情传到我这里,就从我这里打住。但是我对社交圈的等级分别和"派系",还是有直觉的认识。有些人就是玩不到一块儿,不用勉强。

有时候八卦的诱惑,让人觉得有"消息灵通"的优势,把小道新闻错认为是圈内人的进阶秘道。我们不可救药地迷恋明星八卦,不就是薄弱地想证明他们的生命也有残缺。但是别人生命的残缺,并不能够使我们更快乐,或更强大。老老实实地拥有自己的残缺,才是真正快乐的泉源。

我尽量避免把话题停留在自己的装束。黑石集团的创办人的史蒂夫·施瓦茨曼,常常带着他优雅的夫人克莉丝汀娜出席慈善晚会,他们都喜欢跳舞。每当史蒂夫·施瓦茨曼在这样的场合看到我的服饰,举起他的两只拇指点"赞",我就笑笑。这是社交场合里非常自然的事情,没有别扭的必要,轻松答谢即可。

反之,夸奖或谈论他人的穿着,可以把注意力适当地转移:

"这件奥斯卡·德拉伦塔礼服真抢眼,很适合你!"

有回在纽约芭蕾舞团的首映晚会中,我刚夸了女友亚历山德拉,当晚她穿了奥斯卡·德拉伦塔当季新款鹅黄色的晚礼服,上面缀满水晶钻,亚历山德拉马上炫耀说:"这是奥斯卡借给我穿的"。以前,名媛深怕别人以为她的衣服是租来的,只要强调是自己拥有。但是,近年由于名牌赞助好莱坞的红毯,明星和模特的档次决定了多少厂商会竞争赞助,名媛反而认为如果时装设计师能够把衣服借给你穿,就表示个人的人气更高了,可以带来媒体效应,名气也跟着涨!

有一次走美国芭蕾剧院的春季晚会红毯前,遇到了VOGUE杂志的时尚编辑哈密什·博尔斯,在时尚界他素来以个人风格而著名,时而华丽炫目如花花公子，时而儒雅精致如英国绅士。平常我在社交场合见到他的时候，都会亲切地聊聊天，那天因为快要到点了，马上红毯就要收场，很多重要的名人都扎堆同时出现，等着走红毯。

这回我跟博尔斯打了招呼，他却一眼都不看我。我才知道，原来走红毯要走得"六亲不认"！后来我想他可能花了一下午的时间才造就了抢眼的造型，当然必须全神贯注把走好红毯。

我也学到，越自以为大咖的人，就越晚亮相。我不在乎早到，因为我可能必须早退！

我有些女友的夫婿是华尔街的大腕，劳碌了一天之后，还得被老婆抓到慈善晚会来当护花使者，他们每次穿着同一件的燕尾服，面带倦容，或是无聊的表情。正好我有华尔街的背景，可以跟他们就当天的股市或金融要闻聊天解闷。但是我在谈吐中，都会注意到不要专注在某一个人：我没有心思在别人的丈夫身上伤脑筋。虽然调情是社交的润滑剂，对某些人来说可以增加自信，我觉得弊多于利，因为同时失去两个朋友的危险真不值得。

我在一次慈善活动里遇到了一个高级珠宝品牌的继承人，我很欣赏他妻子的气质。这位继承人请我吃午饭，表面上是要洽谈跟我杂志合作的事情。虽然他的腿并没有在桌子下面碰我的腿，但是从他的眉宇之间，一副藏着掖着的模样，我已经感到不对劲儿。对我来说，有这样的牵扯更是麻烦。我是一个不喜欢复杂的人。如果一旦树立了觊觎他人婚姻的形象，还想在这个圈子混吗？

我虽然不指望在"绯闻女孩"中找到闺蜜，至少不要让她们从我身上找到绯闻呗。

part 3 　华尔街女性职场启示

华尔街没有一生的朋友,也没有一生的敌人,只有眼睁睁当下的利益。想要去结一世的仇,明明就是跟自己过不去。

职场"试婚"期

1996年的暑假,我刚念完法学院第二年,到一家美国国际律师事务所实习。我的目的地:香港。

在西方读书多年之后,这是我头一次住在东方城市。对我来讲,1996年的香港闪烁着不中不西的异国情调。

于是,香港的迷惘也变成了我的迷惘。在一个中国男人和一个德国男人之间,我也经历了我的"倾城之恋"。

我抵达的香港非常郁热,淫雨霏霏的五月,除了在办公楼里泡冷气,只有在贯连各大建筑物之间的隔离式长廊,才可以躲掉空气中弥漫的湿热汗味儿。

我实习的律师楼有500多名律师,一半是英国人和美国人,另一半是来自前英属殖民地的华侨。

在香港的中国人和华侨身上,处处可见英国对已经独立的前英国殖民地或附属国所组成的英协在政治、军事、财政、经济和文化上施加的影响。我的同事有生长在加拿大的华人,长在澳大利亚的华人,长在新西兰的华人,还有香港土生土长的香港人,留学英国的香港人,留学加拿大的香港人,留学澳洲的香港人……还有百慕大人、法国人、奥地利人、以色列人……香港不愧是"外籍人士的天堂",仿佛这些人都是来香港工作,不是来香港生活。

我实习的部门主管中国涉外贸易,督导我的合伙人都是美国大学法学院毕业,在美国受了几年训练才派到香港分部。当时由于中国贸易的逐渐开放,事务所里的律师虽然没有资格为客户直接提供中国法律服务,但也积极地需要了解中华人民共和国的法律。

美国的律师楼当时正在拓展亚洲的业务,特别看好受过美式教育,又懂普通话的法学院学生。它们定期到美国排行前五名的法学院搜罗人才,除了提供纽约级别的待遇,还负责额外的"外籍人士优待"。而法学院的学生,都必须经过暑假的实习,而对未来的工作与雇主有所了解。实习的目的就是能够拿到一个毕业后的工作聘书,也就是与雇主"试婚"。

在实习期间,事务所都很想让实习生能够爱上这段试婚,爱上香港,每个礼拜至少有两天由合伙人轮流招待我们吃午饭,从最高档的潮州菜、私人的会员俱乐部到黎巴嫩的美食,我们对香港名列前茅的餐馆都朗朗上口。

有几次,律师事务所还用自家的游艇,带着我们绕着香港岛和其他小岛而环行,游艇上中西餐酒水都有,我们到南丫岛吃海鲜,或到赤柱半岛看日落。散布在水间的小馒头山,令我想起法国电影里的越南。

我的办公室在中环,是一个充满商业楼的紧凑地盘,在蜿蜒起伏的车道上,汽车靠马路左侧行驶,我开始适应过马路先看右,再看左的英式规则。

我住在湾仔坚尼地道一座由律师楼承租,再转租给实习生的公寓套房,每天早上徒步10分钟到时和大厦搭电缆车到中环。

傍晚时沿着坚尼地道的绿荫慢跑到波老道,再转宝云道,一直到宝云道花园,俯瞰环行在维多利亚湾的船只。

和中环的规律和干净比起来,湾仔混乱、拥挤的茶餐厅和充满鸟笼、干货的早市,让我回到苏丝黄的世界。就在一个充满了异国风情的殖民空间,我又重新认识了东方的魅力。

我们的公寓楼共有三间房,其中两间共用一间浴室。我的房租比较贵,有自己配套的卫浴设备。我刚搬进的时候,只有一个从上海来的实习生,另一间房空着。6月时,我突然接到人事部的通知,说律师楼将招待一个北京来的交换律师,智慧产权专业,人事部主任就叫我把我的房间腾出来给他。

我从同事那儿打听到,这位北京律师的房费将由律师楼承担。虽然我可以了解事务所的待客之道,但是我跟律师楼之间有正式的租约。我找到了我们部门的美国合伙人。我对他说,既然我已经付了全额的房租,我和律师楼在公寓的关系上就是房东与房客,律师楼不可以单方面损害我的权利。美国合伙人很开通,他同意我的看法。就帮我把这个事情解决了。

作为实习生,我的主要工作就是做研究,分析英国的判例法条款的适用性和中国各种领域的法令,从中外合资、劳动、地产、反竞争到智慧产权。我每天写报告和备忘录,还没到起草合同的阶段,戏称为"光说不练的备战部队",没有实战经验。

香港法例以英国普通法体系为基础,Barrister是出庭律师(大律师),通常也就是在香港说的大状(香港沿袭英制),这种律师可以在高级法院出庭辩护,而Solicitor初级律师(小律师),在香港中文叫事务律师,只能出席基层法院,负责法律咨询、非诉业务等。当事人不可以直接委托大律师,需要小律师委托大律师!

有英国执照的律师可以在香港自由执业。我们中国部里没有英国律师,但是200多名英国籍律师分布在诉讼、银行法、保险等部门。律师楼每周五下午举行鸡尾酒会,促进律师联谊。我在鸡尾酒中认识了很多欧洲人,像瑞士来的亨利,听其他欧洲同事说,他的家族是卢森堡很显赫的贵族。我们成为很好的朋友,常常在一块儿聊天吃饭,每当有女士离座或就座时,他总会站起来协助或致意。美国男同事的仪节,通常做到为女士开门或让电梯就算到位了。

我在鸡尾酒会时,总是想借此认识其他部门的同事,但是我从来不记得认识什么英国朋友。即使我找他们聊天,这些英国人似乎只想与其他英国人交谈,仿佛有一种莫名其妙的优越感,总让我想起香港的殖民地历史。

香港特别适合用工作麻醉自己的人,可是一旦麻药失效,日子就难过了。周一到周五,整个香港就像一座写字楼,没命地工作。到了周末,香港就是一座企图让人遗忘历史的购物中心,资深的律师和金融家,经常逃离香港到东南亚去旅游,而他们的菲佣成千上万地坐满了中环的路边,用极嘈杂的音乐纪念她们的异乡情境。

对我来说,香港没有什么应急的文化设施。有一次为了去看莫斯科芭蕾舞团的表演，倒几趟车才到赤柱的一所高中表演厅，全场观众寥寥可数。回程的时候，公交车都停班了，我只好搭芭蕾舞团的便车回中环。我从来没有见过这么多超过180厘米的外国女人，每个都枯瘦如柴，脸化浓妆，面无表情地望着我这个娇小的东方女子，好像刚在舞台上挥霍完她们的青春。

在这样一个华美而悲哀的城市，我突然想要轰轰烈烈地谈一场恋爱。

我和同届的实习生美国人凯文共用一间办公室。他在念法学院之前已经做事多年，才决定转行法律，一切从基层干起。他的心比其他实习生定，也比较习惯办公室的韵律。凯文变成我的男闺蜜，他讲他的女朋友追他到香港的烦恼，我跟他讲我的两个倾城之恋。

我在我们部门每周的例会上认识了陆安。当天轮到他向整组的30名律师提出报告。他的英文一般，北京念完大学之后，在加拿大念了法学硕士。已离婚，前妻与独子仍住在温哥华。由于他只有法学硕士学位，只能以试用的资格加入律师楼。他既没有典型律师的伶牙俐齿，也不是野心勃勃的事业男子。但是每个办公室的女生，连我们的人事部经理，都臣服在他的颜值魅力之下：180厘米，满头黑发，剃得极为干净的胡子根，一袭剪裁得体的直条纹西服，搭配着白衬衫和意大利领带。或许是他面对的工作压力，呼应了我面对第一份法律工作时的焦躁，我似乎觉得"同病相怜"，他能满足我在异化疏离的工作环境里面，特别需要的情绪释放。

而两个礼拜后，我在一个周五的鸡尾酒会上遇到了汤玛斯。190厘米，小平头，浅蓝色的衬衫，深蓝色的西装，手戴一只朗格腕表，德国慕尼黑大学法学博士候选人。德国属大陆法系,和美国的体制不同。德国的法律教育属于大学部,毕业后实习两年才可执业;而在美国,法学位是学士后学位,念完以后不用经过两年的培训,通过律师执照考试鉴定,便可直接挂牌执业。但是,德国人跟中国人一样看好学位,所以大部分在德国律师楼的合伙人都有一个博士头衔。

我的中国男神,每天早上10点上班,晚上经常在办公室里叫外卖,赶工。

我的德国男神,每天早上8点必定到位,尽管其他同事9点才露面。他下午5点必定离开办公室,然后拿着地图与相机走遍香港岛。

我的中国男神,是个地道的宅男。他住在新界,我们的周末就是到北方小馆打面吃,或是到九龙尖沙咀逛小店,或是牵着手去超市买些菜回来做。他说话的语气,说什么都像道家常,那么熟悉,又那么陌生。就像中国。

我的德国男神,是个彻底的"旅行精",在到香港之前,已经遍游世界各地,并且在伦敦实习过一个暑假。我们一起去广州,汤玛斯照相机闪个不停,因为所有的东西对他来说都十分新鲜。他按着旅游指南带我到一个菜市场,我们看得入神:里面有各种的猫、越南鳄、五步蛇、眼镜蛇、红耳龟,还有孔雀。直到我们走出市场,才想起刚才去的不是一座动物园。汤玛斯喜欢吃星期五餐厅或好莱坞星球餐厅里的汉堡。

我由中国男神的眼睛,看到了一个香港世界;我由德国男神的眼睛,又看到了另一个香港世界。

我一到香港便争取到北京出差,到8月时,合伙人突然批准我在实习结束前,到北京工作两个星期。我看着中国男神和德国男神,突然舍不得香港。

律师楼的北京办公室在国贸,安排我住建国饭店,每早打车沿着建国门外大街到国贸。每天服务员打扫后,抽水马桶的坐板就用张大纸条封着,上面写着:Sterilized(已消毒)。但是,对我来说,却意味着这个英文单词的另一个意思:已结扎。接下来的两个礼拜,我经常坐在"已结扎"的马桶盖上哭泣,因为我除了几个同事,一个认识的人都没有。我很想念我的男神。

每天早上,建国饭店门口都有几辆出租车排队揽活。从建国饭店到国贸只有五分钟,车价是10元。有一天,我给司机100元,让他找我80元,我想10元小费应该够意思了。司机说没得找,又拒绝到酒店柜台换零钱。

"你在北京待多久?我每天早上来载你,直到把余钱用完为止。"

所以我们就约定了隔天8点钟,出租车司机到建国饭店来接我。

隔天,那位司机没有出现。再隔一天,他也没有出现。在接下来几天,他仿佛躲着建国饭店。

到了星期五,我跳上了一辆出租车,才发现原来是这位老兄!哈!可能是他估计风头已经过了,又到建国饭店来排班,没想到我又坐上他的车。

我当时气不过,就开始了我的五分钟训话:"你甩了我就算了,但是作为一个台湾同胞第一次回北京,我真伤心,没想到会遇到欺负我的北京同胞,你太让我失望了。"

我原本就想发泄一下,解解气。没想到,下一周他每天早上都来建国饭店接我。

或许,到北京,是我把陆安的过去再重新活一次的借口。

有时,我甚至怀疑,我所爱的不是一个陆安,或是一个汤玛斯。我爱的其实是两者之间的对比和冲击,和不能兼得的甜蜜与悲哀。

香港,1996,连空气都是暂时的。而香港的每一分钟,即使在我经历的当时,也觉得像过往云烟。所有的情感,所有的工作,所有的日子都是暂时的。就像一个没有定位的游艇:如此繁华,也如此萧条。

入门学徒的偶像

你没暗恋过你的老板？才怪！

暗恋老板是天经地义的事情，因为老板越是遥不可及，他的权威性，他在事业的顶峰，都成为我们景仰的对象，在我们枯燥的办公室，逗发了荷尔蒙的魅力。

只要他对我们这个小不伶仃的入门学徒一小投足，一个微笑，就能燃起我们热血沸腾，特别想为他在工作岗位上卖力。

暗恋老板之前，我们先从暗恋老师预习！

当高中同学都在迷恋罗伯瑞德福和费翔的时候，我却整天想着我的数学老师。

高三时我已经报考了大学联考乙组。甲组是理工，乙组是文科，丙组是医学生物，丁组是社会科学。乙组还是得考数学，但是没那么难。我的数学老师还是一点都不放过我们，每天派下的功课要花几个钟头才能做完。隔天一一把同学叫到黑板上去解题。解不出来就当场羞辱一番。

三角函数，几何，微积分。

数霸老师上课从来不讲一句笑话，总是板着一张脸。同学们都恨他的冷血无情。可我偏偏爱他！

我的姐姐跟弟弟都是数学天才。我虽然也分了一点这方面的遗传基因，还是家里最弱的一个！

数霸老师的冷酷，激起了我想要吸引他注意的欲望！他越是对全班学生嗤之以鼻，越是被同学们吐槽，我越想称霸数学，征服数学！

号角响起，我积极地向前迈进。有了这样的学习动力，我的数学自然突飞猛进。每当我在黑板上，完美地解决了一个高难度的数学题，数霸还是面无表情。但是我想，他应该今晚在梦里会想到我吧。

我还幻想他的冷酷无情一定有不为人所知的苦衷，他一定跟我一样寂寞。有一回，我偷偷到他家门口探听他的家庭状况，希望撞见他老婆对他大声嚷嚷的情况。我在心中已经揣摩了无数次，原来我的偶像受这样的委屈，才没有办法在课堂上挤出笑容！

我在他门口对街徘徊了好久，终于在他吃饭后，看到他穿着汗衫在骑楼下打拳。

我的数学更好了，居然在学校数学竞试中打败投考理工科的同学，学校派我参加全省数学比赛！

考乙组的，数学那么好干吗？我的母亲问我。

在耶鲁的时候，我到法学院旁听一个冷门课，犹太宗教法与现代法制度的关系。来自以色列的客座教授是耶路撒冷大学法学院院长，他在瑞士长大，在法国拿的博士，讲得一口流利的德文、法文、希伯来文和英文。多有欧风的多元文化范儿！真是我心仪的典型。

他已经60岁了，但是皮肤好光滑。上课的时候，穿着一件粉红色的衬衫，打着领带，腰间系着犹太人正教男性必佩的流苏。在全班都是犹太学生的情况下，我唯一的东方面孔自然鹤立鸡群，加上我又写过关于犹太大屠杀的文章，他常常在课里点名问我的看法。

传统的犹太正教徒，不能休妻。我当时想，我如果与他私奔，我还得由基督教改信犹太正教吗？后来他回以色列以后，寄给我很多犹太教的书。

不久，我听说他当上了以色列最高法院的法官。我想，这就是我们永远不能私奔的理由吧！

这肯定是神在试探我。

在德国的民间传说中，有一个历久不衰的人物典型，成为许多民俗文学里的典故，连歌德都为此写过有名的剧本：浮士德为了追求知识，而不惜把灵魂卖给魔鬼。

求知若渴，我常常问自己，我难道也是一个浮士德？差别的只是我不想为了知识，而把我的灵魂卖给了魔鬼，但是我对知识的狂热，绝对不少于浮士德吧？

在《圣经》的《创世纪》中，亚当跟夏娃吃了知识的禁果而意识到世界上的罪恶，从伊甸园驱逐。

知识！知识！使人堕落的知识！

华尔街，多半吸引了雄性激素特别发达的人。刚入行的人，总赖上别人不接的苦儿，这就是必经的"整人"仪式。能够神秘地过关，就算入行了！

我刚加入瑞士信贷投资银行那会儿，我们收购兼并组里面100多名投资银行家中，连我只有5个女生。比我资深的只有2名。看到那些男士银行家，穿着浅蓝色的衬衫，打着爱马仕的领带，直条纹西装，我真想成为他们中间的一分子！我真希望这个神秘教派能给我洗礼！如果他们在小组会议上，问我一个问题，或直接派给我活儿，即使再难，我就兴奋得像打鸡血一样，特别卖力。

第一个带我的小老板，是组里面有名的"永远的停摆"。依照投行的惯例，干了三四年的投行专员后，便有资格晋升为副理，没升上去，很多时候就自己走人。但是小老板已经干了七八年了，还升不上去，也赖着不走。他的数学很烂，有一次我和一个副理，还有小老板一起演算，小老板用HP专业计算机，副理用笔算，但我一个心算就抢在他们前面，把结果算出来了。

小老板经常用手捶着桌子咆哮："这有什么难的？"仿佛他多年没法儿升官的委屈，都得发泄在我的身上。

我们当时负责一个雀巢巧克力的项目，小老板把到日内瓦出差的闲活独揽，然后派我到纽约上州的一个狗不拉屎鸟不生蛋的小城锡拉丘兹，在郁闷的雀巢巧克力工厂里做尽职调查。我看着工厂里输送带传送刚打包好鲜艳包装的各式巧克力棒，一颗巧克力却都没吃到。而沉浸在日内瓦湖光山色的小老板，一天没给我少发10个邮件，支使我做这做那。

我们后来一起出差的时候，小老板的体重至少比我大两倍，却总叫我帮他拎包儿。

我宁愿用一切换走第一个恶老板的无能。我的第二个恶老板是一个高富帅的荷兰人，满头绝对的纯金色卷发，是组里的"明日之星"

在华尔街工作几年后，客户邀请我一起去纽交所敲开市钟

在华尔街努力8年后，终于晋升为律师楼合伙人，这是律师楼主席主持的庆祝晚宴

（Rising Star）。他的办公室里排满了"项目玩具"，就是项目做成后高级组员分来的纪念奖杯。

有一次荷兰人晚上7点下班前塞给我一叠工作，我通宵后早上7点半才从办公室回家。半个钟头打车，半个钟头洗澡，一个钟头的盹儿。当我早上11点踏进办公室的时候，荷兰人的脸都绿了：

"你怎么这么晚才来？"

"我7点半才离开办公室。"

他连瞧我一眼都不屑："9点就应该回来了。"

总算，在一个聪明一个笨的两个恶老板被踢来踢去了两个月之后，我遇到了当初面试我的一个资深董事总经理：耶鲁大学法学院的博士JD，是我们同事中唯一念过法学院的。投行里的同事都半是MBA，对于我从法学院出身的背景，他肯定是我的知音。

我认为他能够了解我的想法，他好稳重，他脾气好温和，他……

当他把我叫到他的办公室，派给我一项新的任务时，我简直觉得鸡犬升天，以为我的救星来了。在他跟我说话的瞬间，我已经从一个黯淡无光的陨石飞跃成一颗耀眼的巨星。

为了与我心仪的偶像多多接触，我不在乎燃烧自己。即使在连日通宵熬夜之后，还在周末的时候争取到办公室工作。如果能偶然撞见我的偶像，我就觉得这一趟值得了。

所以，我对工作产生双倍的激情，也积累了双倍的劳累。我一方面为堆积如山的工作给力，另一方面又得为内心里绞动的情绪战斗。

每天经过我脑袋的东西，除了数据、股市、融资计划书之外，还有：

1. 他只是多看了我一眼而已。

2. 他为什么今天打这么好看的领带，是为了我吗？

3. 他为什么下班之前，特意从我的桌前经过？

4. 他为什么派给我这个工作？是因为我的能力强，还是制造机会接近？

5. 为什么今天他没接我的电话？

6. 他是因为身为我的上司，而不敢表白吗？

7. 公司里有这么多崇拜他的眼睛。

8. 我只是一个提高他的中年男子自信的人。

9. 他的老婆是家庭主妇吗？

10. 如果其他同事得到了他格外的注意，我会有什么感想？

11. 我在重复自己的故事。

12. 这是一种逃避疏离工作环境的办法吗？

13. 知识就是权力，权力就是偶像。

14. 领袖崇拜，与荷尔蒙之间的关系。

我默默地崇拜了我的偶像一个月后，被自己的情绪折磨死了。直到有一回周末，我的偶像居然在办公室里！我鼓起勇气，找了个借口，结结巴巴地问了一些问题。我想，快到了饭点了，我们可以一起点外卖。

突然，尖锐的电话声传来，偶像拿起话筒："好好好，我已经准备回家了。"

他转过头来,连一眼都不看,只说:"我得赶快回家换上燕尾服去参加派对!这些数据你拿去计算,还有下周要给客户的并购前例对比表,也做上。"

我无神地看着他离开办公室,他又把原来派给别的同事的活儿,堆到我桌上。我才明白,原来他对我的"好感",也只不过安逸生活外的一场点缀。他并不想过我的苦日子!

人生有时候最大的勇气,不是选择要做的事情,而是选择不做的事情。

当我在耶鲁交当助教的时候,也有长得好看的男学生,特别是快到期末考的时候,到我的助教办公室来磨蹭。下课之后,总是千方百计地找话题搭讪。他们高挑,有蓝色的眼睛,充满好奇心。我想他们也不过就是要借机拿个高分吧?难不成,我也成了他们的偶像?

或许,在成长的某一个阶段,我可以幸福地回味那种浮士德的激昂与苦涩。

或许,我曾眷恋的偶像拥有某些我向往的知识。

或许,我坐在列车车厢内,他们只是空旷的月台上,始终没有上车的查票员。我的列车带着沉重的行李前进,留下的只是一路风景。

或许,我终于离开了我的偶像,找到了属于自己的光环。

靠谱的女性职场着装

我在哥伦比亚大学的时候头一年,正准备应征暑假的实习工作。我生性喜欢开玩笑,中国法学中心的爱德华教授担心我可能在面试的时候吃点亏,因为法律界的人都喜欢比较严肃的人。于是,他特别把我拉到一边,叮咛我:

"参加实习的面试时,就想象你正在参加一个葬礼,记得板着一张脸!"

至于面谈的时候该怎么穿?我的法学院学长丹尼尔——已经在一个华盛顿特区的"白鞋"律师楼当律师,说:"黑、灰、蓝,准没错。"

我穿了一套烟熏蓝色的裙套装。突然,觉得我的生命整个暗淡了下来。就这样,像一只衣橱里的耗子,我穿了十年的"丧服"工作。父亲过世的时候,回台湾奔丧前,我急急忙忙塞入行李箱里几件我的律师上班服。回到家后才发觉家人都需要出去特别购买黑色的衣服,我才了解,其实中国人平常生活中不喜欢穿黑色。

在纽约,要成功就先得有成功的范儿。在纽约,不仅仅是佛要金装,就连尼姑也要金装。

跟我同龄的年轻男同事,通常只有两三套西服,但是他们可能会花2000块美元去操办一套,因为他们把置装费当成事业的投资。

我自然向男生看齐!我艳羡男同事量身定制的西装,也就宰了1500块美元做了一套:藏青色白直条纹的英国进口面料,驳角上扬的戗驳头领,上翻的裤脚,配上跟男友借来的袖扣,又加上一条紫色的领带。走在办公室我都觉得起风,可惜没有同事被我帅呆掉。

现在回想,这家专精男性服饰的西服定制,版型都是照男性比例。所以我的小肩膀撑上了类似平板的内里,看起来像穿着西装的美式足球队员!

当职场女人,真难!女性的职场穿着特别复杂,因为没谱!!明明花在琢磨穿衣服的上面的时间比男性多,却又要装出一副不刻意打扮的样子。即使有人称赞,也不是好事。如果装束一旦成为谈资,接下来就会发生一些让人觉得自己很笨的事情。

每一行都有它的服装潜规则。律师作为最保守的行业之一,自然要求最高。在这个原来是男性主导的行业,既然没有其他的资深女性作为榜样,就只好照着男性的穿法去穿。据说20世纪80年代大量美国女性进入职场时,那时候她们出现在办公室里,打着可笑的领结,至今仍为女性就业史的一大笑柄。

而对于女性上班服的要求,男性领导怕性别歧视与性骚扰的指控,也不会主动说出他们真实的看法。

美国共和党候选人卡莉·菲奥莉娜,曾任惠普公司首席执行官,我还记得她当年一头金发,身穿绝顶聪明的阿玛尼套装,绝对是企业领袖最佳着装奖。她在她的自传《困难的选择》中写道：

> 从关于我当上惠普CEO的第一篇故事，到我后来被解雇的最后一篇故事，所有媒体针对我的语言与关注，都跟其他男性的CEO有不同，比较涉及人身，而且有很多着重在我个人的个性与外表：我的衣服，我的头发，还有我的鞋子。我刚上任的第一个礼拜二《商业周刊》便急着采访我……我们还没坐下来呢，那个编辑的第一个问题就是，"你穿的是阿玛尼的衣服吗？"

前法国财政部长克里斯蒂娜·拉加德，成为领导国际货币基金组织（IMF）的第一位女性。她诱惑了时尚界，登陆《名利场》的国际最佳着装名单，并上过Vogue杂志的封面。法国社会主义者却批评拉加德过于"优雅"。《左派解放报》写道："她是一个上流社会的女子，与普通百姓脱节，比起他们的福利，更在乎她自己看起来高雅别致。"拉加德不甩这些微词，继续穿香奈儿高级定制和背着爱马仕的凯莉包。一家法国报纸曾经报道，拉加德的一些发布的照片已被PS处理，除去首饰，以免激愤群众。

连如此爱好时尚的高卢民族，尚且不放过一个优异女领导的高雅品位！

其实我觉得女性工作着装，第一要看行业，第二要看公司文化，第三要看身份。如果是在演艺圈或时尚圈混，当然要创造某种特殊的效果，让衣服为你发表声明。

但即使是女明星安吉丽娜·朱莉在奥斯卡红毯上,以高叉秀腿晚礼服一领风骚,一旦她在联合国致辞,她穿的却是深色套装,加白衬衫。当她出任联合国难民署专任特使任务的时候,却穿纵横野地的行动服。

想要当女主管,或是女企业家,就别抄电视剧。像姚晨(律师)在《离婚律师》里穿的高叉裙;江疏影(实习老师)在《旋风十一人》里穿的超短热裤;张钧甯(奋斗金融圈的新手)在《最美的时光》穿的"我没有分量,请别把我当一回事"的单薄休闲服。

如果想要管人,就得研究出"权威战袍"的架势;如果想要被人管,才穿轻薄短小的"萌装"。

职场金句:如不确定,就不要穿。

不管那个行业,应征面谈的穿着,都得跟保守行业看齐。至今许多职场专家与猎人头,仍主张女性在面试的时候不宜着裤装,可是却没有具体的理由。我猜想可能是因为,在英文里 Wearing the Pants(穿裤子),就是掌握大权的意思:谁穿裤子,谁说了算。

如果女性穿了男性的裤装时,可能会对同事暗示她的过度强势,也就是变成男人婆的意思。所以女性几乎是两边都不是人,一边要抑制过度女性化的穿着,另一边又不能过度男性化。

面试时适合穿面料匹配的套装,理想的裙子及膝(太长没精神),戴耳钉而不是夸张的垂钓式耳环,淡妆。美国的办公楼空调特强,即使有米歇尔·奥巴马般经过雕塑锻炼的胳膊,也不用起鸡皮疙瘩地把它们炫露出来。

那么,高跟鞋可以穿吗? 有一回我穿了一双 Jimmy Choo 的 10

共同奋斗在纽约,庆祝秦舒培的封面故事　　我和郎朗的国际范

人生总要起舞,一身西班牙弗拉明戈舞裙

在上海出席为黛安冯芙丝汀宝举行的家宴

穿自己设计的裙子出席纽约爱乐交响乐团蛇年庆祝音乐会

厘米细高跟鞋,赶着加入一个跟客户的电话会议,在往男领导的办公室途中鞋跟断了,还是得硬着头皮,装着若无其事,一跛一颠地与领导和客户商讨项目战略。从此以后,我就学会在办公室准备一双备鞋,并且忍痛挥别窄跟鞋。在比较保守的行业中,女性穿露指头的鞋子,绝对是个 NO-NO,所以刚在沙龙擦的指甲油,就留给男友与闺蜜看吧。

被工作服憋屈了一个礼拜,好不容易盼到个"休闲星期五"!更是折磨人,等于是要求人在正式工作服之外,再买一系列的"休闲款制服"。想想,工作就是工作,那能把逛商场或是派对的那些行头穿到办公室来?对于女性来说,所谓的"休闲服",更没有规则,更容易使人落入陷阱。

"休闲星期五服"(Casual Friday)原是 20 世纪 90 年代后期,网络与高科技股票高飙之际,华尔街为了跟 •COM 竞争人才而制定的新服饰类型。但是,律师楼还是不让步,每年只有一天,可以以五块钱(捐给一个公司指定的慈善机构)的代价,才能买到穿牛仔裤的权利。后来金融风暴后,就业市场紧张,把这些"福利"都给删了!

最近商家的新噱头,是将时尚 T 台火热的"运动休闲风"(Athleisure),入侵男士上班族的衣橱,估计不久也会向女士招手。办公室里的"运动休闲风",强调合身,透气,耐磨,比如用轻盈柔软的棉麻布制成西装外套,内里加了弹性面料,但是外表仍然挺拔抖擞,达成"掩护式的舒适"效果,又不沦于"瑜伽嬉皮"的闲散。既保持了行动的活跃感,还让人看起来像随时可以下单的"硅谷大腕"。

还有公司圣诞派对来了!要回家换一件惹眼出位的劲爆闪舞装?把行头藏在办公室,好幻化为神秘冷艳的眩目骄女?还是暴露出自己的真实身份是"卡哇伊"的芭比娃娃?

企业文化决定公司派对的服装诉求,可以确定的是,这可不是露胸露腿,原形毕露的时机!上司和同事还是偷偷给你的"判断力"打分!很少老板希望看到员工花在派对的脑筋,比工作本身还多,除非公司的业务就是承办派对!

"你看起来很亮眼!"不知道为什么,即使我穿了一身素净的黑套装,有些老资格的律师总会这么赞美我。但是,我的时尚感却糟蹋在这个保守的律师楼!如果你像我一样憎恨你的工作服,怎么办?转行!

变成媒体人之后,我就不再刻薄自己:让别人去参加"丧礼"吧!我就要把世界上喜欢的颜色穿个够!

我有三种制服。在办公室里面,我穿运动服,牛仔裤,运动鞋,因为可以卷起袖子干活。出门会见广告客户或谈项目,我就穿上了有权威性、有品位的套装,中高跟鞋。我为时尚品牌主持活动的时候,就任意发挥,穿上15厘米的高跟鞋,当一个晚上的时尚偶像。

细节的魔鬼

在美国律师行业里面,最流行的一个术语就是,魔鬼总是在细节之中。

Devil is in the detail.

当一个项目,大致都已搞定的时候,资深的律师总会在汇款还未到账之前提醒团队,魔鬼还在细节之中!意思是不可懈怠。

这不是谦虚,魔鬼喜欢居住在细节里讲大道理。

如果一个法律文件里面少了一个零,客户就会赔了很多钱。

如果有人在尽职调查中看漏了一个文件,一笔原本不该发生的交易却发生了。

如果会计师的审核报告改了一个关键字,一家公司明早就不能上市!

刚入行的律师,首先就会被派到尽职调查的程序中锻炼!从文件的列目索求,调查范围的规范,成千上万档案的整理,调查报告的归纳,全部都考验个人对细节的注意。

等到小律师能够成功地监督一个项目的完成，看到汇款入账，就算迈向了第一个小小的里程碑。但是还别急着开那瓶香槟酒！在纽约，一个商业律师从学徒到出师，要完成超过百件的项目。这里面有考验人的几百万个细节！

不论是一家公司在股市开盘上市，或是两家公司合并，项目结束（Closing）的那一天，都具有戏剧性的仪式。在前一天我们都会来个项目结束预演。所有必须交换签名的法律文件，都在一个会议室里面用文件夹仔细地摊开来，参与项目的各方律师约定时间就文件一一做最后的审查。这些绝对考验一个年轻律师对于细节的掌握，同时要应付各方的人马，还有文件的传送、签名的交换。

2003年，我还是个入行6年的中级律师，一家在百慕大设立的国际保险集团公司雅思本准备在纽约证券交易所上市。我是代表雅思本的律师团成员。

那阵子我没日没夜地工作，因为我不懂得少于200%的付出。上市的那天，雅思本的总裁与高层准备到纽约证券交易所敲开市钟庆祝。或许是嘉奖灰姑娘的给力，雅思本的董事长和首席财务官居然把我当团队人员一样带上。

我站在敲钟的舞台上往下看，高盛投资银行的资深银行家，毕马威会计师事务所的合伙人，成群纽约证券交易所的股票交易人，CNBC电视台的主播，都在台下看着我们。这是我的律师楼头一次有非合伙人应邀出席敲钟典礼。管我的合伙人已经入行25年，他也头一次参加敲钟仪式。

新股上市的前一天傍晚，股票收市之后，负责股票承销的投行会根据当天股市收盘的波动，还有投资新股的需求，定出上市的开市价。我除了要完善上市的各种文件，还要到印刷厂做最后的招股书的改写。每一个数字均牵一马而动全局，关涉巨大的法律效力，不能成为投资者找碴儿的把柄。

在律师楼我已经六年了，手下有一群年轻律师与律师助理分工，但是他们校对过的稿子，我还得一一核实。合伙人不在场，我必须全权负责。

早上7点半校稿完成。我打了车直奔曼哈顿南端的纽约证券交易所。8点半我们开始在台上就位：拍照，笑！

9点敲钟以后，没来得及留下吃交易所准备的早餐宴会，我马上又回到了印刷厂看印刷样本，继续监督印刷的完成。越是在光荣的时候，越担心会出错。其实这种对于细节的注意，也是以深刻的代价换来的。

我刚入行的时候，律师楼有一个气势非常嚣张的女合伙人。她动不动就给年轻的律师一个标签：

"Sloppy！"草率！

刚入行的律师，最难堪的抨击，就是sloppy！"草率"在律师这行的杀伤力与"脑残"相当，接近于人身攻击。表示一个人做事不严谨，不靠谱儿，没有当律师的素质！

律师楼里面只有两种阶级，一种是合伙人，一种是非合伙人律师。老字号儿的律师楼，我们管它叫白鞋律师楼，它们的员工餐厅，甚至有合伙人专属的房间。所以当选合伙人，那是天大的事。因为这个清楚深刻的阶级制度，让人油然觉得那个合伙人专属的餐室，是值得卖命献血的俱乐部。

非合伙人其实说穿了就是学徒。纽约的律师楼至少要有8年的经验才能拿到入伙的鉴定资格,入了伙,才算"出师"。8年后入不了伙,有些律师会等第九,第十,第十一年……有些会另谋高就。

在律师楼绝大部分是男合伙人的情况下,这位女合伙人非常耀武扬威,脾气有名的暴躁。据说她曾经用电话座机的话筒砸坏她秘书的鼻子!所以,我每回站在她的办公桌前,总估量着如何闪躲随时可能横天飞来的电话筒!年轻的律师一听到被抓到她的组里去做项目,便觉得生命绝望!

我看着她,她的嘴唇有平常人的三倍之厚,她尖酸刻薄也就有平常人的三倍之多。

"Sloppy!"

对于她的口头禅我已经准备好了!但是当这个字从她的口中蹦出时,我还是觉得很没劲儿!毕竟,我已经把这份两页的法律意见文件修改了十次,来来回回,每次都要把改稿打印出来,工工整整地亲自送到她的办公室。如果她在打电话,我就得在秘书的工作区挨着。好不容易她得了空,每次总是摆出一副非常不齿的样子,好像我是大滔天大罪的罪犯。我想你还不如用鞭子抽我几下呢。

刚入行的律师,如果一旦在律师楼里面传开来草率的名声,资深的律师就不会让此人有上好项目的机会,这就变成坐冷板凳的恶性循环。

"知道香肠是怎么做的吗?(Do you know how the sausage gets made?)"这句英文暗示着制作香肠的工厂,背后一定有一些不堪的细节。

在律师楼里的香肠,就是由这些年轻律师的青春、懵懂和血汗灌来的。

但是我们没有时间辩论是否为老板打饭的问题。

前阵子国内有一个大学毕业生因为拒绝为上司买饭盒而轰动网络。其实我们在律师楼刚起步的时候,谁没做过一些很基层的工作呢?打印,上标签,查资料。我的同事很多都是哈佛大学法学院和耶鲁大学法学院毕业的,他们能做,凭什么我不能做?

老板特别叫下属去打饭的,我倒真没有遇过。我有一个老板他喜欢叫人替他拎包儿。在英文成语里"替人拎包儿"的意思,就是专门替人打酱油,也就是跑跑龙套,跑不出个名堂的意思。但是特别为下属着想的,也少。

在投行的时候,有一个非常和善的老板,可是他在家里面偏也不装一台传真机。周末加班时,当客户有重要文件进来的时候,我必须打印好,然后叫车送到他在长岛的乡间别墅。

想想看,从我打印好,装好封套,然后写好他的地址,然后叫车,然后等车到的时候要亲自搭几十层的电梯,然后把那个包裹交给司机,叮咛他要怎样传送,等到司机到老板家的时候,特别是周末的时候一个多钟头往长岛的车程,路上可能会塞车,然后这个时候老板已经好几通电话问为什么文件还没到,客户已经在催……

多么不必要,我想。可是当一个团队在非常紧张的时候,如果老板正在处理我不能够代劳的事情,就是必须要跑影印机,我也会像打鸡血一样去干。

即使我后来自己当别人的小老板了,有时候我就会小事情自己应急,因为与其我花时间拿起话筒叫一个年轻的律师来帮忙,他可能一时间没有空,我还要左催右催耽误了好久的时间。

我也是哥伦比亚大学法学院毕业的,我也打过酱油。

在律师楼我所学到的最重要的技能,都是在加班的时候看着资深律师,从推敲细节,修改文件的时候,看着看着,自己慢慢领悟的。好的律师不见得会一一解释他处理的理由,所以能够让我在旁边亲眼观察,我简直是要乐上天了!

刚开始的时候,资深的律师总会带上高级律师去参加会议,我们这些刚入行的灰姑娘就得在幕后跑腿,连客户的面都见不上。我在入行的第二年,整个团队都到墨西哥的高级度假胜地坎昆参加谈判,我却一个人被"抛弃"在后方。

我一方面为堆积如山的后方工作而挣扎,另一方面又得与这个被冷落的心创战斗。

等到合伙人和我的"师兄"回营后,我便跑到师兄面前一把鼻涕,一把眼泪:

"为什么不带上我?"

"客户不想看到庞大的工作团队。"

这是论时计酬的律师行业最方便的借口!

没有人可以给我满意的安慰。我只有在下一个项目中,忘却了我的眼泪。我开始明白了,但是如果领队能够在细节上,信赖你这个灰姑娘,就越有可能在下一场的任务中给你更多的担当。如果每一个团队都只有"大牌"的人,没有要干基础活,那谁去注意细节呢?有谁会买一个脱线的 LV 包呢?

当我开了自己的公司后，常常接到非常夸张的履历表。年轻的同学们都很喜欢用强烈的形容词炫耀他们的能力。特别是有些学生，仿佛为过于谦虚的刻板印象做过度的补偿。但是我一看到他们写的文字里面有错别字，或是文法上的疏忽、标点的误用，我就会不自主地质疑他们的能力。这个不重细节的习惯，可能成为成功的致命伤。其实，一份到位的履历表，不就是具有实证的细节？

这也是各行各业，包括律师楼，筛选人才的第一要件。

在美国名列前茅的法学院，每年8月都有固定的招聘会。届时各大律师楼都会组团到校园里面来面试。每家律师楼，通常会派两个面试官，甄选明年的实习名额。通过初选的学生，就有机会到个律师楼的办公室进行正式的面谈。

在复审的过程中，每个学生大概会经过四个到五个面谈的机会，面谈中至少会有两名合伙人，搭配一名资深的高级律师、一名中级律师和一名入门不久的年轻律师。当然最后决定录用的，还是资深的律师合伙人说了算。年轻的律师作用是考核候选人的合群，跟团队是否处得来，还有为实习生讲解律师楼的工作程序与环境氛围。

有准备的候选人，会带上自己精心打印的履历表与写作样文。即使履历表在一个月前已经呈交，主持面谈的合伙人恐怕在堆满法律文件的书桌上还得搜索一番。这就是体贴，这就是细节。

面谈的服饰必须符合专业身份有档次，但是不能过度吸引人注意，一旦成为面谈时的谈资，不论好坏就把重心从工作的实力与态度转移到外表上。在工作时，也不希望客户只注意自己的穿着，不注意工作表现。这也是细节。

面谈之后，通常小律师会带着候选人去吃饭，一方面是笼络感情，争取人才，另一方面是观察候选人的饭桌礼仪。这不是在名贵餐厅大捞一笔的地方，从点菜，吧嗒嘴，吃龙虾吃到满手酱汁，借此考查未来跟客户的应对，这也是细节。

但是细节，不等于琐屑。

在一家公司准备上市的前一天晚上，它的会计师传来了一个文件，里面钱数与预期差了5000多美元。承销商银行的站岗律师才工作几年，马上要重新彻查到底哪个号码是正确的？但是我们已经折腾到很晚，客户的高管早就离开办公室，没有人可以对证，而这个关口卡住了，下面好几个流程都没法走。这位年轻律师，怕有人怪罪，更是不敢通融。

后来他的合伙人老板来了，一看这个数字差了5000多元，但在这个节骨眼，如果让一堆人风声鹤唳地盘查，不仅要耽搁时间，也会为双方客户增加比5000多美元更多的律师费。所以这个合伙人就决定先以目前的数据过关。

或许，我们用青春去换来的，不过是让细节有轻有重的经验。

或许，对细节的执着，只是为了换来收放自如的坦荡。

或许，大局的视野，奠基于细节的把握。

受气的本事

"我受够了!他们凭什么对我咆哮?"

"干吗冤枉我?"

"这件事明明不是我的错!"

"这是在整人吗?"

"我怎么就没想到这一点?"

"好丢脸,居然把这个搞错了。"

"这到底是谁的错?"

"如果他没误导我,我也不会想到岔路上去。"

这些自责和他责的声浪交错着,汹涌地淹过我的思潮。这是我刚在职场起步时,每当上司指责或是给坏脸色时,自然反射的心理反应。我绝不是个小肚鸡肠的人,但是花在自我检讨的时间上,更多的时候使我感到畏缩,有时反而使接下来的表现直线下降。

我不习惯正面冲突,即使被冤枉,也不愿意撕破脸揭发。我"夸张的责任感",又使我必定要分清事情的对错。看到西方同事大声嚷嚷争执一番以后,还可以若无其事,把臂去喝冰啤酒。这对讲究面子和责任感的东方人来说,觉得不可思议。

后来等我开始为单位招聘新人时,我也明白了,雇主在考量一个求职者的客观条件时,也会掺杂一个很重要的情商因素——这个人take the Heat(接受批评和承受压力)的耐力。在工作场合里受到批评,不在于批评的内容是否合理,它是职场压力的一部分,重要的是看你如何对付。

美国总统杜鲁门曾说:"如果你经不起热,就滚出厨房"(If you can't stand the heat, get out of the kitchen.)这句名言已成为美式英语里的俚语,意思是接受不了压力的人,就得退出岗位。

通常东方人在工作场合里面比较内敛,因为怕起正面冲突,通常会采用压抑的方式应付,受了气,也不知道怎么发泄,但是就像一座被压抑的火山,或一只定时炸弹,遇到了一定的导火线,就会以震撼全宇宙的威力狠狠爆发出来。什么时候该受气,什么时候该发泄,这是中国人特别难应付的问题。

在美国的职场文化很强调teamwork就是团队合作,其实这个观念讲的不仅仅是工作上的合作,而是以运动为比喻,也就是,商场就是竞技。既然是运动竞技,就有输赢,没什么大不了的。

美国商业界,经常在电话会议开始之前,等人到齐的过场中,谈论前天晚上的运动比赛。这不仅仅是为商务热身的谈资,也是大伙儿联系感情的方式。招待客户也常去看球赛:美式足球、篮球、棒球。最主要的是,各人可以各自为他所钟爱的球队加油,没有谈政治或是宗教时的敏感。

在办公室里，美国人最喜欢谈美式足球（橄榄球）。其实看美式足球，使人容易找到与同事的共通点，也代表企业文化中的竞技精神。在某种程度上，商场就像球场拼杀的肉搏战，懂得适时解压发泄，才能保持持久的战斗力。

在我的女性前辈中，雪莉对美式足球的热爱绝不亚于男性。她一早可以在办公室里，与男同事畅谈前天晚上的球赛，对球员球技都朗朗上口。

雪莉比我大几届，思考敏捷，绝不小心眼。她的脸蛋很漂亮，但从不化妆，也不花时间在打扮上。当年轻的女性入门律师和律师助理，忙着私下攀比谁戴的订婚钻石大，她却只戴着一只很平凡的K金戒指。

律师是少数的行业中，越老越有分量！即使当上合伙人的以后，还是靠资历的深浅长幼有序，除非成为呼风唤雨的拦客大将，英文里管最牛的合伙人叫rainmaker（造雨巫师）。

律师楼的合伙人大略分为两种，一种是客户合伙人，另一种是执行合伙人。客户合伙人把客户拴在他们的腰带上，每逢跟其他合伙人过不去，便有把柄威胁带着客户跳槽。他们有权结算计时酬劳，把账单发给客户，可以拿公款去招待客户，他们的一切作为都在于使客户对他们有黏着力。执行合伙人通常比较年轻，需要再锻炼才能建立自己的客户群，大部分是执行客户合伙人派下来的项目。

雪莉就是一个执行合伙人。她对于法律过程的了解非常透彻，但是在考量了拉拉杂杂的细节之后，她会以精简的决断力做出了断，绝对不会为无谓的事情折腾或纠结。

她有时说话比较冲,但是绝不故意伤人。对于律师楼例行的行政事务,她也不会无谓地折腾。比方说,我们因为公务旅行报账,其他的律师收集一点一滴杂七杂八的收据,还把出租车和小费都加进去,她却只报机票和酒店等大款项,其他就自己掏腰包。因为对她而言,与其把时间花这种小事上,还不如把精力花在工作和看球上,得到更多的效益。日子也好过些。

有一回,我们参与了一桩很大的法律项目,团队包括各律师楼的几十名律师。我们突然发现,我方的一名年轻律师,一不小心把其中一个文件在没有经过资深律师核准之前,就直接发给对方,而使对方知道了我们的底线。这样的错误看起来无心,但是在实质上可能在谈判过程中会造成我方不利的形势。

内部的"检讨大会"闹腾了半点钟,当大家纷纷指手划脚,推卸责任时,雪莉突然说:"都是我的错,下一步是什么?"我知道这件事情其实不是她的错,但是就是为了要减少大家在争执上面浪费的时间,她挺身而出。而当她一旦"认错"以后,大家也觉得其实事情没有本来想的那么糟,而把精力转换到下一步的对策。

有一次,我已经很接近"出师"被提升为合伙人,所以派给我的责任已接近执行合伙人。我起草了一个法律意见书,两位合伙人,包括雪莉,对我的分析不完全赞同,用很讥嘲的方式批评了我的草稿。我想,到这时了还找我碴儿,不会在评选合伙人的过程中给我减分吧?

法律意见书是律师事务所,为法律项目的某种细节的法律根据背书,因此关系到律师事务所的法律责任。只有合伙人才有权力在法律意见书上签名。项目主管的合伙人经过评阅斟酌，然后通过法律意见书委员会的审核，才能够以律师楼的名义签下法律意见书。所以我的潜意识里这个法律意见书，就是考核我当合伙人的试纸。

凭什么他们要给我难堪？做事几年了，脸皮还是不够厚。但是回头想想，已经凌晨 1 点半了，我们都还在办公室里，火气都甚大。

几个月后，我顺利通过合伙人的甄选，当上了小老板。设身处地，我更能体会到 take the heat 受气的本事，其实是职场进阶的必修课，考人是否沉得住气。这跟对错无关，这跟责任无关，重要的是不要被上司在气头上的当下反应击倒，一旦事过境迁，多数老板会以综观的观点来衡量个人在项目上整体的表现和贡献。

等到我自己当老板的时候，我自己才领悟到，最重要的是在受气之后，不要影响情绪低落，而使得当时的表现直线下降。如果有误解，在工作告一段落后，找时间争取上司的回馈，心平气和地沟通自己的想法。

Don't take it personally. 别往心里去，意味着就事论事。

而受气不是压抑，多年来我解压的方式就是每天抽空进健身房，在汗水和加速的心跳中，找回复原的动力。

话说回来，雪莉的"道歉"战术在很多场合，并不适合。在华尔街的时候，我观察了很多女性习惯性地为自己的工作和行为道歉，立马显得比别人矮了半截，因为承认错误，就表示你犯了错，在记分牌上扣分。而频频认错，表面上的礼貌却变成缺乏自信。

而很多男性选择很不同的表达方式，即使做错了，他们不直接道歉，而只会就事实表态。

明明是他把文件搞错了,害得你白忙活了一上午,他却说:"请你改用这个文件当样本。"

明明是他误解了客户的要求,他会让客户觉得很舒服地接受他的解释。

明明是他忘了通知你会议已经改期:"我应该提早通知你……"

所以,我也学会了,如果我迟到的确有正当的理由,我会避免说:"对不起我迟到了!"

而说:"谢谢你等我!"

优势叫牌卡

从我看到它的第一眼开始，我就没有办法把我的眼球移开。之前，我从来没有想到拥有它，但是我没有办法不拥有它。

就是这样的震撼，展开了一场无法终止的虐恋。

十多年前，我的朋友马赛洛，意大利人，佛罗伦斯文艺复兴艺术史博士，中等身材，光头，脸庞轮廓像极了大都会博物馆古罗马雕塑，刚在曼哈顿切尔西区开了一家画廊。在此之前，我虽然学的是古典艺术，曾经为台湾的《联合报》《艺术家》和《诚品阅读》写过当代艺术展览与市场，经常出入美术馆和苏富比、佳士得的拍卖。但是我的兴趣，基本上是学术与鉴赏。从小长大，也看着父亲收藏了一些字画，都是朋友送的，像于右任。从来没有想要拥有这些作品。

这幅抽象油画挂在马赛洛画廊办公室，红色的底，无数黑色的圈圈，表层用树脂处理，画家是日本人，很有日本漆器的味道。

当时，3800美元，是我一个月的打税后的薪水。

如今的切尔西艺术画廊区（Chelsea Art Galleries District）座落在纽约曼哈顿下城区西侧，遍布200余家画廊，以展出当代艺术家的作品为主。可是我买了第一幅作品时，切尔西还是一片荒凉的旧厂房，大的画廊还没有入驻，所以到这里来的都是拓荒者。

我刚入门，便领略到艺术市场的竞争性。大藏家为了拿到好的作品，不惜任何手段。艺术不像许多商品，愿意出高价就可以得手。落入好的美术馆与私人收藏可以提高艺术家的地位，对他的作品的未来价值有直接的影响。而有信誉的藏家，至少在理论上不会转过身便翻卖作品，可以保持市场的稳定性。

我知道自己没法在资金上与大藏家较劲儿，我必须做我的功课，以我的热情与艺术知识取胜。

当时有位很积极的藏家马克施·特劳斯，在哈德逊河岸的小城开了私人的美术馆，在业界很有影响力。每当我们竞争同样的作品，我便要失眠了。

有名的藏家通常有画廊开展前的预览权，这是画廊奖励藏家的优惠。经常，画廊在开幕的前一天为悬挂艺术作品工作很晚，我在律师楼连续工作了15个钟头后，连饭都不顾得吃，即使是半夜12点，也要打到画廊，抢先挑中自己喜欢的东西。我的真诚感动了一些廊主，所以好几次我抢先买了施特劳斯先生心仪的作品。

多年来为了这些藏品，没少遭罪。艺术品的脆弱，最怕晒，我便放弃太阳直晒的公寓。孩子手欠，我便不请家有幼龄儿童的朋友往家里来。

当代艺术品，越做越大，尤其是装置与摄影作品。为了装裱我收藏的限量版摄影作品，我没少跑过专为美术馆藏裱褙的装裱店。开始的时候，我和所有的入门买艺术作品的人一样，用自己的公寓来度量买的尺度与尺寸。虽然收藏艺术的可贵，在于与它们朝朝暮暮的厮守，感染它们的气质，但是如果照着曼哈顿公寓的尺寸来收藏，只算收而不藏。

艺术界有个俗语，不用储藏室，不算收藏家。意思是，只买给家里挂画的人，充其量就是给家里买个室内装饰，谈不上收藏。

购买新兴艺术家的作品风险非常大。去年夏天去储藏室看我收藏的一些作品，有些买了之后，由于种种因素，始终没有展示。看到有一幅356厘米×305厘米的画作，是一名哥大美术硕士班学生的毕业作品，十年前买的时候对她的激励应该很深。现在这幅作品在我的储藏室里不见天日，觉得心好酸。后来回家一查，这个艺术家现在被列为全世界新兴画家卖相最好的前十名。

究竟，我对这些艺术品的眷恋，是对物件本身的执着，还是对背后的精神的执着？这些作品到未来会留下什么？我曾经在大都会博物馆，看过有关20世纪初期最重要的法国大藏家画商安布鲁沃拉尔的展览。他的支持影响了塞尚、毕加索、高更等人。多精彩的时代！我曾幻想，在我离世之后，我的收藏也会在美术史留下类似的记号。

有一次，在迈阿密巴塞尔艺博会遇到一个年轻的法国藏家，他已经是第三代藏家，他的父母把收藏的毕加索和马蒂斯捐给美国各大美术馆，包括芝加哥美术馆，他自己却收藏当代艺术，我问他为什么。

"毕加索也曾经是新兴艺术家。"

最近在纽约的摄影艺术艺博会上，巧遇名藏家亚瑟弗莱舍先生，和法国安盛集团旗下的艺术保险公司北美总裁。我跟他们解释说，多年前我曾经与苏莱舍先生同事，他的收藏启发了我收藏的欲望。我当小律师的时候办公室就在他的办公室对面，当时的律师楼里面1000多件艺术品，75%都是他的私人收藏。

记得当初到律师楼去面谈的时候，在大厅里面看到德国艺术家格哈德·里希特的油画时的震撼。这些作品现在在拍卖市场上起码能拍上亿美元。我与墙上的罗伯特·劳申伯格、贾斯佩儿·琼斯、唐纳德·贾德朝夕相处，也像在一个美术馆上班。我当时想，企业收藏能够到这种地步，背后明显需要一个藏家的眼力。

金融与企业巨子，多数没有对艺术这样的涵养与热情。可是为什么华尔街的对冲基金大腕赚钱以后，除了买私人喷射机外，还要去买艺术品挂在墙上？为什么中国的土豪也得要去买艺术品？纽约富豪都知道，想进MoMA现代美术馆董事会的基础条件：至少在美元20亿以上的净资产，具有收赫的收藏史，每年上好几百万美元的年费，还得不定时为美术馆动辄百万千万的新馆藏买单。

即使蓝领工人到我家施工，总是赞叹房子的漂亮。其实，我家最贵的装饰，就是我收藏的艺术品。我常常感叹艺术品的渲染力竟然这么大，超越阶级。

艺术不为装饰，但是艺术就是最好的装饰品。

在华尔街，打高尔夫是晋阶的必然技能。特别是女性打入商界高层的必备，许多女性埋怨被摒除在这个"男孩俱乐部"之外。我虽然喜欢用不同的事物来挑战自己，但是我连高尔夫的球杆都没拿过。我不想只因为每个人都这么追逐,而把时间浪费在我既没有兴趣,也没有天分的运动上。我想与其装一个二流的高尔夫球手,还不如让我玩艺术。

就这样,当其他同级同事都忙着攒钱还就学贷款和买房买车时,我买了我第一件、第二件、第三件艺术作品。

每个周末工作一周后,或是心情郁闷的时候,我就会到美术馆和画廊里面寻找我的救赎。几年后,我的婚礼在马赛洛的画廊举行。我们挑了一幅画让客人以礼金"团购"作为结婚礼物。为了艺术而规划的人生:这可能是从小习画的我,不能当画家的情感转移吧。

"艺术将会成为你的优势叫牌卡,华尔街的顶层人物必玩艺术。"我在法学院时就有一名华尔街的巨鳄对我说。

有一次我接受美国中文电台的访问,主持人问我穿衣服的秘诀是什么?她说我每个的造型都像一幅画。我顿时了然,艺术收藏竟然也影响了我的视觉美学。每天生活在与自己喜欢的艺术品之间,它们给了我生活的灵感。而这些艺术品每一件后面都有一个故事,都有一个新名词,都有一个等待出发的旅程。

常常有人问我最喜欢的艺术作品是什么?其实只要收藏了,手心手背都是肉。但是我的眼界和品位也随着时间改变。而我学到最大的教训就是不要去捡漏。宁可攒钱买一幅真正喜欢的作品,不要买几幅便宜的作品。

"这算艺术吗?"这是购买当代前卫艺术作品最基本的问题,因为当代艺术的范畴越来越广,艺术家不断地用新的媒介实验新的观点。我虽然受的是古典艺术训练,但是对于当代艺术我会用历史、文化、媒介、技艺、原创、思想等多元层面来考量。但是最后决定的还是那双不敢移开的眼睛。那个令人失眠，不可遏止的心跳。

所有伟大的艺术，都有永恒性和时代性，既能超越时间的限制，也有切身的当代性。

当我见到一个富豪，在世界各地都有豪宅，我觉得他好可怜，因为他家里没有一件艺术品，他连爱艺术都不假装。

人可以不搞收藏，不用艺术品显摆，但是不可以不懂艺术。

我曾经认为艺术是神圣的，所以从来没有卖过一件藏品。在华尔街寸土都是商业气息的大环境下，艺术是我的心灵的一片净土。现在想来，这其实也是个一厢情愿的想法。

收藏虽是精神的超脱，也不免物质的羁绊。我常常想起宋代"婉约词宗"李清照的夫婿赵明诚是有名的金石学家。两人情趣相投，志同道合，节衣缩食，致力于收藏文物书画，广求古今图书、遗碑、石刻。金兵南侵，赵明诚借赴江宁（南京）奔丧之机，携走文物十五车，其余为金兵攻陷青州时所焚。

这就是李清照在《金石录后序》中写的："然有必有无，有聚必有散，乃理之常。人亡弓，人得之，又胡足道！"

我的朋友乌里西克在当瑞士驻中国大使的时候，就开始收藏中国当代艺术。近40年来收藏了2000多件的作品，其中1463件捐给了香港的M+美术馆。这些许多以廉价买来的作品，目前估计超过数亿美元。西克多年来认识了不下2000名中国艺术家。他仍然继续购买艺术作品。他也一样，爱恋上这个美丽的折磨啦！

光鲜背后十年功

拓荒者应该面对荒原,但很多人只期待面对绿茵。

从华尔街到时尚圈,各行各业,都有装模作样的假拓荒者。他们标榜自己前卫,事实上只是追逐潮流,拾人牙慧,充其量只能成为拾荒者。

在艺术界,大家都不愿意买尚未被发觉的艺术家的作品。投资新创立的公司,大家都专找已经被投手投资过的二轮或三轮。而真正的天使投资者,多半在天堂,不属于人间,他们在背后有很多失败的投资,只是不能让你知道。我当律师的时候,看多了对外吹牛的大投资家幕后一败涂地的项目,我不能够跟你分享,因为这是我客户的秘密。但是我可以担保,每一个成功的人背后都有很多失败,而他的失败可能比别人更多。

拓荒者就是那些更敢于承受失败的人。面对荒原永远是寂寞的。

在媒体界面对荒原,那个寂寞更是难堪。因为媒体本身玩的是一种趋之若鹜的原理,媒体就是不甘寂寞,必须要仰赖更多炒作才能吸引眼球,所以媒体自然倾向关注有所谓"新闻性",也就是已经有曝光度的话题。媒体永远锦上添花,唯恐天下不乱。

2012年的秋天,我首度携手中国时尚频道,报道纽约时装周与相关活动。那时中国的新闻媒体,还有时尚界,才刚开始关注世界的四大时装周,纽约时装周是其中之一。借着我在纽约服装设计学院的董事身份,我成为第一家中国媒体报道它年度服装设计大奖颁奖午宴。

报道纽约时装周,吃力不讨好。为了两分钟的精华,剪辑、配乐、加字幕之前,得在秀场前后台折腾好几个钟头,比我以前只看Show辛苦了许多。在开场前两三个钟头,我和团队已经坐镇在后台,拍些"冷景",报道化妆还有配饰的趋势,也希望能够打游击式地采访到中国来的超模。Show快开场的时候又得去跑到前台,采访中国来的明星。由于我在纽约的名气,大过多数中国明星,西方媒体在拍摄我的活动时,我就变成引介这些明星的临时公关。走秀结束后,又得到后台排队等着访问设计师,西方的主流媒体通常有居先的优势,经常得等一个多钟头才会轮到我们,而且还不断有其他媒体插队。

但是即使在这样不显眼的地方,我也注意到很多媒体的采访人,问设计师千篇一律的问题:"你这一季作品的灵感是什么?"这些泛泛的问题真没劲儿,我总是尽量带入该设计师前两季的主题和风格,与本季的细节对比,或是讨论时装史里的元素。这样做出来的效果比较精致,也获得了这些设计师与公关的认可。

2013年6月,我争取到了美国服装设计师公会CFDA的年度大奖红毯报道权,为中国媒体对美国主流时尚活动报道开启先河。CFDA大奖的红毯,是纽约仅次于大都会博物馆的时尚晚会Met Ball的红毯盛事。红毯只能容纳十多个录像师，我幕后运作，经由公会主席黛安·冯芙丝汀宝背书，直到活动前一天才确定采访权。

当时中国媒体完全不认识这个典礼的重要性，而美国服装设计师公会CFDA，也不习惯有外国媒体来报道他们的大奖。而我为这次活动在中国媒体的推广，使CFDA领略到作为美国服装设计师的啦啦队，它应该更正视借由外媒在国际舞台上推动美国设计作品。

我穿了一个年轻美国设计师的作品，青花中国风图案上身，连着仿英国伊丽莎白时期折领的米白长裙，访问了王大仁、王薇薇等华裔设计师，与数位美国设计大咖，如 Michael Kors。从 2014 年起，每年 CFDA 都主动邀请我报道年度大奖，而红毯上的外国媒体俱增。

我虽然不敢说我是代表中国人，但是长久在美国读书与就职的经验告诉我，我个人的表现，将会为后进开（关）一扇门。

一个中国来的好样儿的，隔年雇主就想雇用更多的中国人。一个中国来的坏样儿的，隔年学校就少收中国的学生。你说这是歧视。这是现实，这是人性。

2012 年 12 月，我到北京参加第二届凤凰时尚大奖的颁奖典礼。秦舒培得奖的致辞，把她的奖献给所有在国际舞台奋斗的中国模特儿。我可以体会那种为了使中国走向世界的心酸与收获。

我的杂志封面，就是中国面对西方的一个面孔。花我的时间最多，给我的痛苦也最多。一份季刊，可以让我有两个半月的失眠。封面的包装是时尚杂志最重要的一环，因为它可以决定广告商和读者对于整个作品的评价，也就是一件作品的面子。

我在创刊时独排众议，坚持要中英对照，也就是要能够借机也让西方人认识中国美学和品位，但是双语在实际作业上带来额外的困扰，包括在翻译上的高度要求，是我顿时觉得工作量如同编辑三本杂志。还有在视觉上必须要能够同时兼顾东方与西方的叙述语言。

作为一本同时面对中美精英的刊物，我们考虑封面人物，理想的候选人极少：在中国牛，不见得在西方牛；在西方牛，不见得在中国牛。我们的制作团队在纽约，要凑到中国来的名人正好得空，又愿意答应与我们合作，中间还得经过经纪人的筛选，与其他媒体竞争。难！

何不用在中国有知名度的西方名人面孔？这又牵涉到广告商对于一本杂志的定位问题，如果它的封面看起来就像一本典型的西方杂志，我们就必须跟其他英文杂志竞争同样的预算。

2014年冬季刊，我们以秦舒培当封面人物，讲她在纽约的奋斗。2014年春季刊，我们以威尼斯化装舞会的主题，体现了陈碧舸从体操巨星将到时尚超模的蜕变。2014年秋季刊，我们又与超模王潇合作，展示她特别的古典风格。2014年夏季刊，我们以中国的第一男性超模赵磊，表达一种宅男的风格。

一路从荒原迈开，我才领略到许多中国来的国际超模，也不见得能在西方的主流媒体抢滩封面故事。我的杂志起的无形作用，让她们能够打入西方主流，同时面向西方。

搞媒体事业，表面上很光鲜，绿茵遍地，其实要做出新意，必须面对荒原。

报道了2013年CFDA大奖后，我又应邀跟拍CFDA和Vogue在中国首度发布"美国设计师在中国"的秀场报道。走秀的现场在一座明长城残垣。设计师全是美国人，可是模特儿全是中国人：从国际最火的超模,到初出茅庐刚做着世界梦的新秀。

后台的大风扇吹着北京 7 月的暑气,我看着素颜的刘雯,蹲在地上啃着一个包子,在扬名国际后,多爱回自己的土地,走秀,吃包子。

打造金牌口碑

"你算哪根葱?"

这是一位纽约定投杂志的老前辈,在饭桌上对我说的第一句话!

在20世纪80年代创办了《大道》杂志之后,这位前辈便是纽约名流必得讨好的重量级人物。她的杂志报道,可以让你的社会地位提升(或降低),可以让你的派对时髦(或乏人问津)。她经年戴着一副墨镜,即使在黑不溜丢的室内,也日夜坚守她的"造型"。仿佛她可以高人一等地在黑色的镜片后打量你一番。而你连反看的权利也被剥夺了!她可以看透你,而你却看不透她!可是你可以感觉到镜片后那对咄咄逼人的眼睛,就是许多行业如公关的职业病(势利眼)吧?

《大道》杂志是针对纽约精英与富人的"八卦杂志"。因为出入纽约上层社会惯了,在她的世界里面只有两种女人值得认识:一种是爸爸有钱,另外一种是丈夫有钱。就这样的女人才能值得摄影师去拍照,才值得去走红毯。对"墨镜大妈"而言,靠自己能力成功的女性少之又少：有一种虽然成功但身价值不到她认识的地步，另一种是不上相的"男人婆"。

这本《大道》定投杂志成为后来纽约许多定投杂志的先驱，那你想为什么？因为成就人士虽然有身份地位，也很有经济实力，但是还是最关心本身周围人的八卦，因为这些"社区绯闻"能够与他自己的生活息息相关，而想要打入这个小圈圈的人，也会追随这些八卦。也就是因为这个原因，所以奢侈品牌以及当地的生活享受产业，特别要针对这一类的刊物投放广告。

"墨镜大妈"真的看不透我这个外国人，觉得我好像从地上突然冒出来的一根葱。在离开华尔街必须重新为自己定位的时候，我已经体会了背后没有靠山，"没有身份"，"什么都不是"的滋味！

有些人觉得我很有闯荡江湖的勇气，也就是那种不知天高地厚的"侠气"。从精神角度来讲我是一个极其独立的人，所以我也不太在乎社会习成的惯例。其实我从小成长的传统礼教社会，又经过新英格兰的学术训练和纽约的职场洗礼，我对中西社会的规则有相当的了解。但是学法律之后，我反而觉得每一种规则都附带破例，没有破例就没有规则，规则与破例是息息相关，彼此互生互助的孪生兄弟。

我所受过的耶鲁教育和哥大教育，我在华尔街名列前茅律师事务所锻炼的履历对墨镜大码而言，完全没有意义。她也不会想去了解，我如果能够经历这样的环境，与世界各国来的优秀生和导师练剑，我恐怕有一些非凡身手吧？

当这位前辈突然在媒体中发现我频频出现时，觉得我好像是空降部队，凭什么出名。的确在某些方面来说，我是比同辈的女友幸运，她们有些每年要花到几十万美元在公关、媒体、置装与捐款上面，才能够有同样的媒体关注。

那个时候我刚创办杂志，她跟我噼里啪啦讲了一大堆道理，讲到出版界与平媒的世纪末路，我一餐听下来，觉得她好像是故意在损我，让我泄气。

尼采说："你最大的敌人就是你最好的朋友。"

所以当时我硬着头皮把那个"鸿门宴"吃完，其实我很想对她嚷嚷："是的，我一个外国人，能够在美国混到这样的地步，大概也有点分量，不指望高人一等的技术，总有高人一等的精神吧？"

但是我那个时候忍了下来，不愿意当场跟她计较。因为我这样说有什么用呢？对于我来讲，只能逞一时之气罢了。不如就用我的事实，我的行动来证明我自己的价值吧？！

后来我发觉，虽然她对我的态度并不很友善，可是她对行业的分析还是有它的道理，因为平媒已经走到了一定的瓶颈。

我能够憋得住这口气，完全是华尔街磨炼出来的。

在电视剧里面看到的世代恩仇，结了一世的恩怨，还想要牵连下一代去报仇，这样的情景不适合华尔街。因为华尔街没有一生的朋友，也没有一生的敌人，只有眼睁睁当下的利益。想要去结一世的仇，明明就是跟自己过不去。

我在华尔街学到的一个很大的教训，就是永远不要 Burn the bridge. Burn the bridge 意思就是焚桥，撕破脸，这个跟中文里面的过河拆桥，是两个方向相反的概念。过河拆桥是忘恩负义，背弃过去的受惠，变成白眼狼；反之，Burn the bridge 强调的是不要逞一时之气，焚断了未来的退路。

因为华尔街圈内圈外都很小，你会很惊讶，你一辈子的名声都跟着你旅行。即使是当今职场社交媒体主导的"领英"时代之前，别人很容易就可以透过不同途径探听到你的过去，熟人都会碰到熟人。即使受到了多大的委屈，最主要的是不讲坏话。因为没有人能够掌握所有现实里的情况与观点，比方说跟小老板处的不愉快，即使是离职之后也不要大声破骂。

2016年3月，我在香港巴塞尔艺博会期间，参加纽约卓纳画廊的晚宴。席间巧遇我在耶鲁的旧识葛瑞格米勒，他是我接任《耶鲁法律与人文》期刊主编前的上任主编，耶鲁法学院的高才生，一毕业就踏入投行，没当过一天律师，但是目前已是纽约有成的投行家与艺术收藏家。

葛瑞跟在座的其他藏家说，20年前我接手《耶鲁法律与人文》期刊的时候，异想天开地提议找名作家安伯托·艾柯写文章。艾柯被誉为意大利20世纪后半期最重要的奇才，集哲学家、符号学家、历史学家、文学批评家和小说家于一身，因《玫瑰之名》而名噪一时。当时同侪们都觉得我的口气太大了！后来被我拿下以后，大家都觉得非常不可思议。

这档子事儿都过了20年，我自己早就忘了。没想到在这样的机缘巧合里，一个旧识还印象深刻。

我前阵子在蒂凡尼的旗舰店见到了新的店长，她觉得我脸熟，原来她以前任职于芬迪，曾经领略过我主持的高端活动。我最近为芬迪主持活动的时候，见到新上任的VIP客户经理，她刚从格拉夫珠宝过去,以前格拉夫珠宝也是我的《约》杂志广告商。

所以精品业,时尚圈和华尔街,都有它们的小圈圈,绕来绕去都跳不出到同样的族群。口碑也就跟着个人的经历旅行。

2014年林肯中心秋季晚会与海南航空创办人陈国庆,前纽约市长彭博,郎朗国际音乐基金会总监卢卡斯博温斯基合影

瑞玛霍特基金会艺术慈善拍卖

出席纽约捷克文化中心摄影展

穿一件简单的白T小血闯荡名设计师卡洛琳娜·埃莱拉的新品展会

斯隆凯特灵癌症中心 2012 年春季晚会

part 4 女人的终极奢侈品

什么是终极的奢侈品？有些人认为是加勒比海内克岛上市值1亿美元的豪宅，有些人认为是人民币11亿元拍卖的莫迪里阿尼《侧卧的裸女》，有些人认为是人民币138.12万元的爱马仕紫红色亮面鳄鱼皮铂金包。而我的终极奢移品，就是教育。

"虎爸"的教育

我的书房里,有一双父亲老年时穿的老布鞋。

深蓝色的牛仔裤面料,斑驳的白色鞋头,松了的鞋带,仿佛还系着他最后一次脱下鞋子的痕迹。

父亲老年的时候连上下轮椅都须人搀扶,我记得他最后一次穿皮鞋是在 2007 年年底弟弟回国办的婚礼上。

我在整理父亲遗物的时候把这双布鞋收藏起来,没洗。

或许这是我对他消失的躯壳的念想。或许这是我凭吊没有办法陪他走完的晚年之路。

父亲一个人走了。他走的时候,身边没有一个他辛辛苦苦送出国读书的三个孩子。

父亲晚年的时候,记忆力大批丧失,尤其是对近年的事情,常搞不清楚。但是对于亲朋的孩子,几十年前在哪间学校念过书毕业,成绩如何,依然如数家珍。

在我的刻板印象里,我的父亲是个不折不扣的教育狂,他把他一生未完成的希望，都转移到子女身上。每次读《莫扎特传记》，谈到莫扎特的父亲如何把自己未成的音乐事业，寄托在他身上，我都想到我的父亲。

我爸绝对是虎爸。

我的杂志三周年庆时，我在纽约主持了一个晚宴，郎朗就坐在我的旁边，在闲聊中我们谈到了一位美国名人的儿子。所谓虎父无犬子，这位儿子继承了父亲的事业，也算是一个很有成就的人。郎朗问我说这个儿子的成就如何呢？我说，莫扎特完成了他父亲一生未完成的成就，是个突破性人物，但是莫扎特的儿子就得活在他成就的阴影下。郎朗开玩笑说，如果他以后有儿子，肯定不让他学钢琴！

我小时候没有什么玩具，也没有洋娃娃。六岁的时候，父亲就给我们买了整套22册的《福尔摩斯全集》，后来又有30册的《亚森罗苹全集》，造就了我们姐弟三人喜欢推理的习惯。

后来，我弟弟到哈佛攻读数学博士。他刚到哈佛的第一天，就在哈佛广场的书店里面买了一本《福尔摩斯小说》的英文版。

成长的过程中，我一直很怕我父亲。我姐姐大我一岁，她是一个无可救药的学霸，在全校同届1000多名学生中，每次期中期末考总是蝉联全校第一，而且数学特别棒，常常参加数学竞赛，中学时以"市长奖"毕业。

我虽然也不至于成为学渣，但是跟姐姐比较起来，我什么都不如，这使我常常觉得很沮丧。我姐姐说话非常委婉，很有我爸喜欢的"闺秀范儿"，不像我"一根肠子通到底"，不知道如何用拐弯抹角地来达到目的。

我父亲在报社有一个很好的朋友，是有名的画家，父亲在她面前常常称赞我的姐姐，就不提起我的名字，这一点又使我很难过。

我的弟弟在很小的时候就考进了"天赋优异儿童班"，所以他的生长环境又跟我们不一样。夹在两个高成就的姐弟之间，我就是一个多余的，让人漠视的"夹心饼干"。我想在成长的过程中，我很喜欢翘课，很喜欢画画，很喜欢用不同的事情来表达我自己，恐怕就是不自觉地想用不同的成就吸引父亲的注意吧！

相形之下，我在耶鲁的西方同学们，他们的父母对他们的要求好像很少，而每次父亲打电话给我的时候，问的都是我这个礼拜有什么成就？学校里的功课好吗？有什么新的研究结果？我那时的男朋友就问过我，"你爸怎么都没问过你日子过得好不好？你的情感好不好？你快乐吗？"

我在耶鲁念研究所的时候，每个星期天早上都在中文学校，教当地一些华裔教授的孩子中文。我的那批学生可恨学中文了，特别是写汉字。孩子们对我埋怨：其他美国同学星期天都不用上学，可以出去玩，而中国孩子除了学网球、学钢琴之外，还要学中文！有些中国父母逼孩子学中文的"撒手锏"：不做功课，不给饭吃！那时美国高中很少教授中文课程，中文不像现在热门。我想无论如何，今天有些人应该很感激他们的父母逼着他们学中文吧！

在其他孩子在课后去钓鱼，跳房子，烤番薯的时候，我学过儿童英语，学过英文打字，学过绘画，学过钢琴，学过游泳，还学过舞蹈。旷课是绝对不准的，父亲总会叮嘱我，既然交了学费就得从头到尾学好。

我和弟弟同天生日

从小学练琴,也练弹琴的纪律和定力

除了舞蹈课外，我最喜欢的是绘画。父亲带我到雄中跟罗青云老师拜师。有一次，外面下了毛毛雨，罗老师给我们的主题是雨景。当我在画纸上面用蜡笔跟水彩，画满了撑伞，穿雨衣和躲雨的人儿，罗老师问我说："你如果把画纸放在外面的空地上，会怎样？"

我把我的作品放到屋檐外，滴答滴答，雨滴模糊了我的构图，却又造成不可预期的丰富画面。我的雨景和我的想象，都超过了水彩与蜡笔的局限。

记忆中的父亲，事业心并不强。他放弃应酬活动，与上司活络关系的机会，或其他使他事业提升的途径，宁可花很多的时间在我们的教育上。他读到肯乃迪家族经常围着长饭桌辩论时，就鼓励我们姊弟在饭桌上也慷慨地发表意见。饭点是神圣的，一家团聚的时间，绝对不能迟到。

我在小学毕业之前，父亲花很多时间阅读和改正我们写的文章。书和书架在我们家是神圣的，和其他父母不同的是，他们只重视教科书，我的父亲却很鼓励我们阅读课外读物。我们家订了四份报纸。

我母亲白天工作，父亲在报社的工作在晚饭后才开始，他白天就挑起了煮饭的任务。

我到了美国读书后，想念家里面的福州菜口味，必须让自己从完全不下厨房的女孩，变成一个很会烧菜的人。我在厨房一点一滴，回想小时父亲做的菜色而仿制。

但是多年后我才觉悟到，父亲在1947年离开闽清老家，不也是个茶来伸手饭来张口的男孩吗？他在台湾摸索出来的厨艺，不也是一种对老乡口味的乡愁吗？

原来，那种离乡背井的滋味，都跑到我们煮的食物里面了。

我来美国之后，总是觉得为什么父亲过日子这么沉重？为什么人生总是有这么多的负荷？为什么待人接物要有这么多的责任？为什么生命一定要有那么多使命？为什么我不能够像其他的西方同学一样，放开享受？

为什么亲人之间要有这么多的牺牲与迁就？

我想不通生活为什么要这么辛苦，就越逃越远。而父亲也仿佛与我的生命不相干。

念哥伦比亚大学法学院的时候，父亲跟母亲到纽约来看我。这是我出国多年，我让父母第一次来看我。我很不想见他们。

哥大的新生训练8月就开始了，我不得不把耶鲁论文的最后一章搁着，直接奔纽约就学。父亲到哥大宿舍来找我的时候，劈头就问："为什么论文没写完就改弦易辙了？你的大学某某同学已经拿到博士任教了！"

比，比，比！总是拿我跟别人比！

那一次，父亲系了一条又老又旧的皮带，仿佛在提醒我他对我们做的牺牲。皮带的过时，和我在新大陆的生活完全没有衔接。我觉得这条皮带的出现，真让我在同学面前丢脸！

多少次，我希望父亲没有为我们做这样多的牺牲。多少次，为了父亲这条皮带，我感到多么自卑多么难堪。

多少次，我想起多少个中国父母省吃俭用把子女送到国外。而现在，多少次，我却希望从这条皮带中再度感受父亲的温暖。

父亲生病后，每次我见到他，他已经不过问我在美国的"成就"

了。他喜欢问我吃得好不好！他仿佛也了解到我在美国奋斗的艰辛，为了早点晋身合伙人，每年只拿10天的假。我们之间，有的只是彼此的体谅和难得见面的心酸。

我终于明白，能够讲出一个笑话，看父亲僵硬神经的脸孔，泛起一丝笑容时，那有多么幸福。即使在两三秒的解脱之后，他马上又得回到了与胃管和褥疮搏斗的现实。

以前，我只能看到他的残酷；后来，我只能看到他的仁慈。

为什么在他没有办法旅行的时候，我才想到带他去旅行？

为什么当他对我没有要求的时候，我才想到亏欠如此多？

我们的父母就像交响乐的主旋律。我们的人生可以是变奏，可以是对位，可以是延伸，但是都离不开原来的主旋律。越老了，就越像父母。

我小时候印象最深刻的一件事：当时台湾鼎鼎有名的一个音乐主持人，到我家来了。他在南部首次举办一场音乐会，我父亲当时负责的是一家报纸的文艺板块，估计父亲的评论对演唱会的票房会有直接的影响。他到我家的时候，立马就在茶几上放了一大沓新台币，很有自信地展示这个见面礼的说服力。这是我第一次在现实中，看到只有在电视剧才有的场景：我父亲一手就把钞票推回去。

名主持人走后，父亲没有解释什么，也没有跟母亲有任何讨论，仿佛彼此之间早有默契。

父亲去世以后，我才从他生前用过的一本《圣经》中，看到他的笔记，了解到他对于世俗物欲的淡视，对灵性的追求，有接近于神职人员那样的清高。

在父亲的追悼仪式上,没有金色飞扬的纸钱,只有六只素净的花篮,写着六个博士,六个子女媳妇、女婿的名字。

父亲晚年的时候,一直惦记着要在老家办席,因为他的孩子在祖祠"分了馒头"。

我回了闽清之后,才知道原来父亲的教育狂热是对一个家道中落的书香传统的悼念,虽然有些科举制度的不合时宜,也有他过度的执着。但是我爱父亲,所以我懂。

国学的酝酿

我的青春年少，有一半是在诗词古文的背诵之中度过。

我的文言文启蒙是三民书局出版的一系列古籍新译丛书。《新译唐诗三百首》是邱燮友根据蘅塘居士的选集，参照《全唐诗》与《四部丛刊》而校订，加上标点与注音，解析每种诗体的渊源、韵律及作法。每首诗后，附有作者、韵律、注释、语译、作法分析等备注。除此之外，《新译宋词三百首》《新译古文观止》《新译四书读本》都是我的课外读物。国文是我的强项，经常拿演讲、作文，甚至查字典比赛冠军。

到了高中，我的国文老师是全校有名的老学究，50多岁，瘦得只剩下一把骨头，每天早上5点钟起床疾跑一小时，再锻炼半小时。吃完早点后，穿上千篇一律的白衬衫，宽松黑长裤，想着要怎么"折腾"我们。他没有名字，我们管他叫"老头儿"。

"老头儿"很少讲课，因为我们大半的时间都花在背书上。高二开始，除了国文教科书里的内容，我们还得学中国文化基本教材中的四书《论语》《孟子》《大学》《中庸》。从《论语》开始，"老头儿"的第一要求是背！背！背！每个篇章都要逐字逐句地背下来。从《学而》《为政》《八佾》，一直背到《尧曰》！

我最喜欢的章节，是《先进》篇里，孔子与几名弟子共坐，听他们述说各自的志向时，并没有赞同想为官为相的子路、冉有等人，只赏识曾点的想法："暮春者，春服既成，冠者五六人，童子六七人，浴乎沂，风乎舞雩，咏而归！"体现孔子哲学的两面：一面是积极入世，以礼乐治国；但若道不行于世，则安贫自守，享受恬淡潇洒的放达。我爱这种悠然自得的情怀！

但是，背书可不带悠然自得的情怀！为了准备大学联考，教科书里的大小细节都得背下来，我们的日子已经为了背英文、背历史、背地理而严重超载。本想背《论语》那些短小精干的警句已经够难缠了，到了长篇大论、宏议滔滔的《孟子》，我们的青春立马换成青春痘！

"老头儿"每天下午交代当天背诵的分量，隔天早上第一件事就来个全盘默写。没有提示，没有填充。每个同学，面对同样一张白纸，就得把前夜囫囵吞枣的章节，原封不动地吐出来！

大学联考又不考默写，凭什么让我们一字不落地从《梁惠王》《公孙丑》《滕文公》《离娄》《万章》，一直背到《告子》《尽心》？

难不成是《告子篇下》所说的："舜发于畎亩之中，傅说举于版筑之间，胶鬲举于鱼盐之中，管夷吾举于士，孙叔敖举于海，百里奚举于市。故天将降大任于斯人也，必先苦其心志，劳其筋骨，饿其体肤，空乏其身，行拂乱其所为，所以动心忍性，曾益其所不能"？

在我还未成为世界伟人之前，只得照着"老头儿"的意思，继续让他"苦其心志"。

但是,"老头儿"还有一绝,每天早上,同学必须轮流到黑板上,写一首她自己挑的唐诗或宋词。这些作品不在教科书里,所以还得去找。写在黑板的这首诗歌便成为全班同学"每日一诗"的义务,必须把这首诗或词背下来,隔天一早黑板擦得干净。而我们又是对着一张白纸,默写。

同学们都串通好了尽量挑五言绝句,谁要敢挑七言律诗,就肯定被其他同学骂。这些都不关联考的范围,三年下来背的诗书蔚然可观。虽然不到"读书破万卷,下笔如有神"的火候,至少也是"熟读唐诗三百首,不会作诗也会吟"。

而我在黑板上写的是:

莫听穿林打叶声,
何妨吟啸且徐行。
竹杖芒鞋轻胜马,谁怕?
一蓑烟雨任平生。
料峭春风吹酒醒,微冷,
山头斜照却相迎。
回首向来萧瑟处,归去,
也无风雨也无晴。

我爱苏轼的全才,旷达,幽默,观照。这首《定风波》让我假装潇洒,所以愿意挨同学骂。

而真正爱上所谓"国学",是《红楼梦》给我的。7月考完大学联招之后,窝在家里等着放榜。那个时候的"放榜"是玩真的,得到学校围墙上贴的布告,一个个地找自己的名字。公开的羞辱,或公开的显耀,都是给全世界的人看的。

那一年夏天,我什么事情都没做,就是读《红楼梦》。

我一边细读每一个《红楼梦》章节,把任何生字、典故、雅句,都查询出处与解释,一一做成笔记。家里收了很多字典,我最爱用的是两厚册精装的《词源》,胜于三册装的《辞海》。对我而言,《词源》的基本形式就是讲词的根源,每一个单词都带有典故跟用法。我把每一页每一行查完了以后,就写成一本《红楼札记》。虽然比不上《脂砚斋重评石头记》甲戌本,也活了一回大观园里外的人情世故。

比方说,第四十九回,史湘云冷笑回驳林黛玉,"你知道什么!'是真名士自风流',你们都是假清高,最可厌的。我们这会子腥膻大吃大嚼,回来却是锦心绣口。"我的笔记写到"锦心绣口"出自唐·柳宗元《乞巧文》:'骈四俪六,锦心绣口,宫沉羽振,笙簧触手。'"

看完一部《红楼梦》,我也以第一志愿进了台大外文系。教外文系《中国文学史》的柯庆明老师花了15个小时,只讲《诗经关雎》一节。就那句"关关雎鸠,在河之洲。窈窕淑女,君子好逑"讲了两个钟头。学完《关雎》,满堂美丽的外文系女生,已经有不少电机系与医学系的高才生"伴读"。

除了外文系的课如《欧洲文学史》《英美文学史》《莎士比亚》《西方戏剧史》《新闻英语》之外,我把中文系和历史系的课都听遍,甚至旁听了夜间部的课:方瑜老师的中国诗学,裴溥言老师的诗经,乐蘅军老师的古典小说,黄启方老师的宋代文学,洪国梁老师的经学,曾永义老师的戏曲,阮芝生老师的史记。一旦出国后,上哪儿去找这样的师资呢?

就这样,经年积攒的旧学,酝酿了后来的我。在研究所攻读比较文学,研究汉学,为史景迁老师解读文言文,到纽约大都会博物馆研究中国古代书画收藏,它们不时派上用场,而我总觉得心里踏实,因为这个中国的时空驰骋徜徉在我的胸臆。前几年我为苏富比国际拍卖行出版的《苏富比杂志》,采访了几位中国陶瓷收藏家,尽管我从来没有涉猎这个领域,但是我还是可以就中国文化的一些古典精神跟他们对谈。而我在《中国元素》博客中,谈新文人画家李津《盛宴之六》画作,借着对袁枚《随园食单》的解读,为作品提供他人未见的诠释。

这些记忆,就好像是锦囊里面的财宝,随时可以翻出来,创造新意。每次在中国旅行,这些古文诗词,总是不期然地涌上心头。从来没有去过的城市,却知道如何在地图上找去。就连地理课上背的考题,如黄河流经的城市,京杭运河流经的省市和贯通哪几个水系,湘赣铁路经过的城市……都变成我的前生今世。

在美国读研究所时,奋发的美国和欧洲同学,也强记莎士比亚、史宾塞、艾略特……如果,在勉强的年少,能有旅行过那些历史文物古迹的曾经,或许记忆就容易些。

或许,有些人背书背傻了;或许,有些人背书背聪明了。

我不晓得我是不是那个傻子。

我只知道:这辈子,能有几个夏天,什么也不做,就读一部《红楼梦》?

台湾女校的课

我打台大校园里的醉月湖畔走过,突然有同学拉着我赴军训课期末考,我已经翘了半个学期的课,也没有交作业,突然不知道要怎么样对付。湖就在旁边……

一头冷汗的我突然醒过来,才知道自己刚做了一场噩梦。原来我其实正在我的初中教室旁扫厕所,黑黝黝,臭气熏天,极其恐怖,每隔几个礼拜就得轮到这门同学们都痛恨的差事……

突然我又醒过来,才发觉那也是一场噩梦,我其实正在绣一个枕头套,突然才想起我已经错过了一场模拟考试……

到美国来后,每隔几年但凡心里有些焦虑时,总要做类似这样一圈一圈连环套的梦。刚刚庆幸醒来了,却发觉醒来本身也是一场梦。这些重复的情节,提醒我那些纠缠的记忆。

基本上,我的台湾学生时代,可以归结为十四个字:军事教育讲纪律,大考小考讲名次。

从小学到高中,每天早上早自习后,所有学生都必须打扫卫生,然后在操场集合，参加升旗典礼，听训导主任训话。中午值日生到炊饭室把一篓蒸得过熟的便当抬回来，吃完后强迫（有专员巡查！）午觉半个钟头。每天下午在打扫卫生之后，又得参加降旗典礼。

高中的时候，每班都有教官陪同我们上课与活动；到大学时，台大女一宿舍也有教官监督我们的宵禁。而一到美国，看到美国同学在课堂上，把腿跷到桌子上，然后一边上课一边嚼口香糖，我才知道，我来自一个完全不同的世界。

多年后，我跟几个西方朋友到法国南部玩。我们住在戛纳的一家酒店。正想睡下倒时差，一辆大游览车载来了一车的西班牙学生，或许是与女生毕业旅行导致的荷尔蒙失调，男同学们到处上上下下跑跳，尖叫吵闹，我们全都无法入睡。打电话到柜台，服务员说已经让他们的老师去教训他们了。

折腾了半个钟头之后，这些老师起不了作用，眼看我们的眼睛转眼就得成熊猫眼了。我只好打开窗户，英文夹杂着法文，以最高的肺活量呐喊："你们有没有廉耻？在国外这么没家教，你们的国家都将以你们为耻！"

没想到听我这样子的训话，一下子所有的学童居然都静止下来。有几个还拱手，摆出畏惧的神情，拼命说："Sorry！ Sorry！"

我的西方朋友先是吓坏了，没想到我可以把国家意识都牵扯进来，随后他们笑得不可开交，因为一个东方女子居然在戛纳，凭着一席训话，制伏了一群连老师都管不了的西班牙男孩儿！在西方他们绝对不会想以"你们的国家都将以你们为耻！"的观念来教训孩子。但是我出于本能地摆出一副教官的模样！

在我生长的环境中,如果被人骂"没家教",是极为耻辱的事情,因为连爹妈都骂进去了。

我的父亲的教育模式,也有些斯巴达。周末和放假,8点之前也绝对得起床,他就是看不得懒散。在血统上,我是台湾人戏称的"芋头番薯"——父亲外省人,母亲台湾人。

很多台湾人喜欢儿子学医,女儿嫁医生,据说是日据时代遗留下来的价值观。早在1908年之际,一名开业医师,每月平均收入200到500日元,当时台籍教师,起薪月俸12到27日元,最高不超过45日元。到了20世纪20年代,家产2000余元以上为小康,10万日元以上算富豪。所以社会上都认可开业医生,多金!

在我童年的时候,还没有全民健保,私人医生非常赚钱。当时,有些考生重考十多年才能进一所医学院,甚至有人为了进第一志愿台大医学院,不惜放弃第二或第三志愿录学许可,而重考四五次。医师或是成为望族,或是与富绅阶级联婚,更是社会晋阶的动力。小时候还常常听说,有些积极的母亲每天到高雄医学院门口,从来往的医学生中相女婿。

但父亲并不鼓励子女学医。我们三姐弟都考上台大(弟弟保送),按照成绩应该可以上热门的实用科系,但我们选了化学、数学、文学。

学,学,学!我想父亲的理想是让我们都成为清高的学者。

我们一边做着当学者的梦,一边还是得应付普及教育里的种种要求。我高中读的是女校,在军训课上必须学战争医学护理和打靶。每次打靶训练就是一上午,我们穿着卡其色的军训服搭车到市郊的靶场,在烈日下眯着眼睛透视枪眼。我对玩枪完全没有兴趣,也没有天分。

只图个子弹能够从枪膛飞出去,我可以及格就好。

中午刚练完打靶,我下午还得上家政课。我学会做汉堡包、西式甜点,十字绣,打毛衣,使缝纫机车围裙。我那时常常想,尽管我不喜欢打靶,勉强喜欢家政课,能够娶到我的人一定特别幸福。

我初中的时候最好的同学,稳坐班上最后一名。她家住在左营眷村,个头儿很高,看起来比同班同学早熟。大大清亮的眼睛,可是成绩特烂。她的制服就是比我们的紧,裙子就是比我们的短;周末时我穿裙子,可她穿热裤。我穿T恤,她穿露背装。她认识很多学校里的男孩儿。

有一天她递给我一封信,署名来自一个眷村男孩,同校高我一班,因为成绩不好,被分发到"放牛班"。接下来,她每天为我送一封情书,还讲述这个男孩的种种。那个男孩儿,约我到左营看电影。我的老师盯上了我的信差,通知我的父母。过了几天,母亲就每天开车来载我上下学。

于是,我的初恋,还没有开始,就已经结束了!

做会卖书的诗人

为了出诗刊,我可以为水准书局卖书。当个诗人,先得学会市场营销。

大三的时候,我当选为台大现代诗社社长。

台大诗社出了不少人才。像诗风神秘诡异,会拉小提琴的罗智成。他比我们好大几届,我没见过他。我入社的时候,他已经在美国留学。也好,据说许多女孩子为他伤心。我的前辈像石计生、廖乃贤,都是森林系的,我是外文系。我觉得他们比读文学本科的更浪漫。

在椰林大道尽头的学生活动中心,诗社办公室占了一间小小的办公室,绝少人迹。不像吉他社、土风舞社或国画社,许多醉翁之意不在酒的学生,每周必定报到,因为那里可以遇到外系的"他"或"她"。

我们诗社总是成"半颓废状",不善经营大型活动,因为诗人的世界活跃于脑子里的乌托邦,不在于日常琐碎的行动。我第一次踏进诗社的时候,石学长借了我一本尼采的《查拉图斯特拉如是说》。接下来的几天,我便完全沉浸在尼采玄奥的哲思中。

每次诗社的聚会，不拘形式，不讲排场，都是讨论我们看过的书：艾略特、庞德、维根斯坦、奥德赛、杨牧……或是诗友们自己的诗作。

从学长的手里接下了诗社的担子，我想，十年后，谁还会记得我们煮酒论诗的激情？我便决定必须以诗刊来记录我们青春的声音。

浪漫的学长，当然没留下任何可以出诗刊的经费。所以，我带着同班好友余宜菁出去拉赞助。

在八德路中央图书馆正对面，有一家水准书局，号称是全国最便宜的书店。有许多哲学、文学的书，当代经典都有，起码是市价打七折，有时可以打到六折或五折。他家的书，可不是风渍书，或是旧书。都是崭新的书。一进店门，书，书，书……横着摆，竖着摆，铺天盖地而来。

对于外文系的教科书和参考书、外文经典名作和评论研究，我只找罗斯福路四段匿在公馆小巷里的书林书店。中国文学、哲学和历史，我找台大附近的联经、金石堂，还有火车站附近的国学专门书店。

我的大学同学都忙着兼任初中生和高中生家教，父亲让我专心学业。每个学期2000元新台币的学费，再加上生活费，全从家里拿钱。而我那点零用钱除了买书，还是买书。从学长那里听说水准的口碑，我便养成固定到那儿"蹭书"的习惯。

号称"书神"的老板曾大福，长得并不是很有书生气质，中等身材，稍见福态，脸色红润，但是他的老婆非常漂亮有气质，常常笑说她丈夫是个书疯子。可是我想她真是他的知音，可以一起疯。

平常逛其他书店，顶多就是一本一本地"白看"。有时候店员怕书虫把书页翻旧了，便把书用玻璃纸包起来。但是在水准书局，曾老板还会把书的封套拆开，鼓励你泡在店里慢慢看。

那会儿，水准书局还没有名气，就是几个书痴之间秘藏的机密。所以一旦上了曾老板的店儿，他就会找你谈书，强迫你听他的"每日推荐"。

曾老板的至理名言是"看好书可以改变世界"，所以他的要务就是先改变我。为了推荐一本好书，经常不惜血本鼓励学子买好书再送好书。比方说，我托他订了一套16册精装的《书道全集》，他送了我一本《西洋美术史》。如果说我的书瘾，越发不可收，这个曾老板就是"帮凶"。

"这本《苏东坡新传》，五五折，超级好看，你买了不喜欢，我送你一张首尔来回机票。"曾老板用腔调很浓的台湾普通话继续鼓捣："像看这本书，会很快乐。"

所以，上水准，不单是淘宝用折扣价买想买的书，还要去探听未曾想买的新书。

曾老板是不折不扣的"书教授"，他大学念公共卫生，当兵退伍后第3天便以800元新台币到台北闯荡，为了圆他开书店的梦想，他先用目录卖书，存够了钱才创立水准书局："读者从我这里读了一本好书，这就是我赚的。"我们到书店里，习惯了买他鼓吹的"全世界最好看的书"和"本世纪最好看的书"。

曾老板在店里挂了牌帜："增添一间书店，就少十座监狱。"但是他却不开连锁，确保水准仅此一家，别无分号。或许他比谁都清楚，他的店铺真正吸引人的，不是价钱，而是那个无法复制，永远让人觉得买书是个独特体验的曾老板！

"全世界有一种花朵不会凋谢，就是知识的花朵，智慧的花朵。"

这个甘为"知识花朵的园丁",就这么浇灌着我的求知饥渴。

我经常下课以后倒两趟公交车,到水准书局去磨蹭,每次都巴望着曾太太也在店里,因为她在的时候,曾先生特别开心,方便我讲好价钱。

每本从他那儿买来的书后内页,必定盖了水准书局的店章,仿佛带了一个爱书标志的身份证。

曾老板向我推销了这么多书后,总算轮到我向他推销我的诗刊。当了社长后,为了给诗刊拉广告,我到书店跑得更勤了:"帮我出一本全世界最好看的诗刊吧!"

拉了好几天,广告还是没有拉成。后来老板跟我直说了,他的书店利润太少,没有钱买我的广告。

有一天,曾老板被我缠不过,叹了一口气:"你帮我卖书吧!卖的钱我就用来买你们的广告!"

我们跟曾老板谈定之后,宜菁和我把书店里,文史科学者必读或爱读的书列为书目,标注上原价与折扣价。在外文系,中文系与历史系上课之前,趁教授没到,就对同学们鼓捣一番,这些经典著作的重要性,还有卖书收益赞助诗刊出版。

在一个点钟的上课时间内,书目已经在同学席间传阅,要买书的人就在书名下面署名,课后交款,不到一个星期我们就凑足了出版现代诗刊的经费,水准书局在诗刊里投的广告也把书店的名气在同学们打开,吸引了更多的读者。

我们的《台大现代诗刊》也放在水准书局寄卖。

我们是会卖书的诗人。

为何要与精英竞技

美国大学的研究所,由于雄厚资金的支撑,最能够提供优越的师资与研究环境。也因为这样循环的结果,吸引了世界上顶尖的学术人才。我童年的朋友中家境好的,初中高中便到美国当"小留学生",父母世交的子女,也不乏出国的前例。

于是,我也加入了行列,成为到西方取经的和尚。

很多时候,以为我们自己做的选择,我们其实是被选择。

那会儿流行一个笑话:如果你在一个美国大学城邻近的飞机场,看到一个人拎着一个大同电锅,就是台湾来的。

我的大同电锅是橘红色的,可以煮十人份的饭,我用它蒸蛋、卤菜、煲汤、煮方便面。那时,康宝浓汤绝没少吃,后来就拜托母亲别再寄了。我的行李箱里面连衣架子都带了,因为什么东西在美国都比较贵!

美国初中级的教育,除了在竞争激烈的大城市之外,一般比较闲散,但是一到了好大学,学生的素质明显上蹿,大家都很给力。就是在这样的氛围中你可以跟全世界来的精英练剑。学到的不只是知识本身，而是获得知识的方式。

其实读名校，最主要的收获不是硬知识，而是在人才济济的环境中，与世界各地来的精英竞技。

我曾经有一个以色列的同学，会讲28国语言，大部分的语言都是无师自通。当他学会了几个重要语系的语言以后，就有办法触类旁通。

我的好朋友里若不是外国人，就是懂得外语的美国人。因为他们才能够体会到当一名外国人的处境，他们也具备了在外国立足必须具备的好奇心。

我的美国同学玛丽艾伦来自单亲家庭，为了付生活费，上课之余还要在学校附设的莫里斯校友俱乐部打工。每当她上课迟到，穿着女侍者的制服冲进课堂里，我很佩服她的分秒必争。

另一个同学巴布利来自长岛的犹太世家，他父亲开了印刷公司，车开进他们家的大铁门之后，还沿着很长的车道开个几分钟才到巍然耸立的房子，整屋都是很名贵的古董。他的母亲顶着一头染成铂金颜色头发，衣着时髦。他18岁的妹妹开了一部艳红的吉普车，我当时看得眼睛都傻了，一个20岁不到的女孩子就这样的帅气率性。

每年开学的时候，巴布利的父母都会从长岛开车过来帮他安顿。他们总请我到文学院附近的餐厅一块儿吃饭，我看着巴布利的母亲一直挑剔那个餐厅不够干净，支使侍者做这做那，好大的气势。我想，幸好我的父母没来！

而我最佩服的却是南京来的NX。她从一名"文革"失学的晚读生，

哥大法学毕业典礼,依依不舍与荷兰同学汤玛士道别留念

硬是凭着自学的国学基础，弥补了她蹩脚的英文，连教我们文艺复兴文学史的汤玛斯教授都赞佩她的毅力。为了把她的先生与儿子带到美国，她基本上用一袋面粉过日子：包子、花卷、面条，还去摘银杏果加菜！

随着我转入法律界，这些同学也逐渐与我的新生活脱节，但是他们依然留下了不可磨灭的影响：人外有人，天外有天。

我在法学院的同学更有丰富的人生经历，他们很多都至少精通一个外国语，或是曾在国外住过很长时间。我的读书小组里，克利福德喜欢讲他在东京用机动车载着一只火鸡为美国同学过感恩节，罗伯特在香港住了三年，是港式饮茶专家，而退伍军人大卫在韩国驻守时认识了他第三个老婆。我们个个都很拼！

我念完法学后继续留在美国工作，将自己交给了老鼠竞赛的跑步机，一则是贪图律师事务所的训练环境，想要更多的锻炼，二则是怕没法应付东方职场的斗争。

美国社会不讲关系吗？美国职场没有斗争吗？这些年来，我也领教了所谓"美国式关系"和"美国式斗争"。

我在美国刚认识的中国家长，只要他们一听到我的耶鲁跟哥伦比亚大学的学历，第一个请求就是希望我帮他们的儿女进好学校。

"我应该出国念书吗？"

"我应该送我的子女出国念书吗？"

"我应该什么时候送我的子女出国念书？"

"如果你要送他们去锻炼，我觉得这是好事。如果是为了追求一个迷惘梦想，就不要让它成为一个幻想。"

最近《华尔街日报》全版的篇幅报道一个中国扬州的女孩，因为暑假在美国旅行的时候看到大学生坐在校园的草坪上，自由自在，便决定申请到美国念书。

或许因为我一直在东岸，在美国念书的这些年，只有一次在5月的时候天气特好，教授才临时起意带着我们到草坪上去上课。大多数的时间我们都泡在图书馆里，或忙着写论文。即使泡了图书馆也不能代表个人的未来，因为学校不教人如何实际解决问题。

如果，幻想的是在一个野鸡学校或是社区学校的草坪上晒太阳，出来在美国找工作立足还是非常艰苦。

如果，要逃避高考的升学压力，可能还有其他逃避的方式。

如果，老爸没本事供我上美国私立寄宿高中，我还有一生可以凭自己本事。

如果，要憧憬一个未来，先想想未来是什么。

如果，要创业的环境，就想想国内创业成功的人。

如果，要长个见识或锻炼一番，那就为美国大学的赤字埋单。

经典的美国梦，就是白手成家的意思。不论个人出身或背景如何，只要努力就可以实现自己的梦想。

不论是个人创业或投资移民，有权活出自我，有权成为自己想成为的人。

但是美国真的是这样吗？在美国真的每个人都可以有同样的起跑点吗？美国人不讲"关系"吗？

美国梦之所以成为美国梦，已经超越了实质的含义。它已经转化为煽情的幻想，就像斑驳墙上的一幅玛丽莲·梦露海报，HELLO！她向镜头的飞吻,性感的挑逗,顿时幻化为一种众人向往的代名词。

或许,当"美国梦"沦为梦幻,它已不是真正让人成长的梦想。

或许,有一天,我们不再相信危言耸听的国势消长预言,"美国梦"与"中国梦"不再是二元对立,而我们可以热情地选择做"中国梦"。

读名校,是在读什么

什么是终极的奢侈品?有些人认为是加勒比海内克岛上市值1亿美元的豪宅,有些人认为是人民币11亿元拍卖的莫迪里阿尼《侧卧的裸女》,有些人认为是人民币138.12万元的爱马仕紫红色亮面鳄鱼皮铂金包。

而我这辈子享用的终极奢侈品就是教育,特别是美国的高等教育。当今美国常春藤盟校,每年学杂费跟在校生活费(不包括寒暑假)大约在7万到8万美元之间,依此算来我在耶鲁的四年,拿的全额奖学金就等于是今天的32万美元。若还加上两年的博士论文奖学金,我的耶鲁教育目前的市值至少是40万美元。

但是,我也付出了我的青春。青春就是一个最大的奢侈品。这个就是我人生的第一件,用青春买来的伟大的奢侈品。

即使到今天,我已经离校多年,也在许多名气叮当的律师楼与投行工作过,不论是在西方或是在中国,耶鲁和哥伦比亚大学历还是我的识别证,为我的"品质"背书。

耶鲁不像哈佛位于多元大都会波士顿，在纽黑文那个半封闭的城市，反而能够造就对于耶鲁的一种特殊的向心力和莫名的联系感。我在毕业多年之后，只要遇到耶鲁的校友，即使在学的年代相隔几十年，我们都好像是曾经并肩作战的战友，或是穿着开裆裤的发小，我们明白彼此的语言和眼神，分享着不可磨灭的共同记忆。

多年前《纽约时报》发表了我的结婚启事，因为我的前夫是耶鲁生化资讯遗传学博士，和我的耶鲁背景，许多在社会上很有名望的耶鲁校友主动与我们联系，也因此交到了很好的朋友。

最近几任美国驻中国大使中，雷德和骆家辉都是耶鲁校友，他们在任时，我曾经参加他们在北京大使馆官邸举行的宴会。

耶鲁的学费不采学分制，也就是不像许多学校每个学期的学费是根据所修的学分仔细计算。耶鲁的统一学费制，允许学生任意修自己需要的学分，就是所谓的"吃到饱为止"（All you can eat）。我对于知识总是有无限的狂热与激情，因此在拿了四年的奖学金之后，就觉得可以肆无忌惮地，好好把西方的经典一个一个学到位。

All you can eat 更使我想"捞本"。别的研究生基本上一个学期修三门课，我通常修五六门，再加上旁听。我主修的课由各个语系（英文、法文、德文、东方语文等）与比较文学系联合教学，但是我涉猎的领域包括哲学、艺术史、文学理论和法学。

美国学院流行英美学派的哲学思潮，耶鲁是全美少数大学着重大陆学派哲学，我慕名从德国思想家卡斯腾·哈里斯学西方美学思想史，研究从叔本华、尼采、黑格尔到海德格的一脉传承。

艺术史方面，我修了中国古代书画鉴定，从宋元一直学到明清，每周还搭火车到纽约大都会博物馆,师从现东方部主任何慕文老师,研究大都会的中国古代书画馆藏。西洋艺术史方面,我着重在文艺复兴,在电脑普及和网络崛起之前,所有关于艺术史的研究必须靠书本的图片和幻灯片。为了准备一篇报告,就得到耶鲁大学艺术史系的幻灯片室,一张一张地翻查图片,找不到的就得借书补拍,然后编排成一场幻灯片秀,才可以在课堂上与同学分享。考试的时候,教授也放幻灯片让同学限时辨识艺术家、年代、风格、主题与类似作品的比较分析。

美国学界素有"要学人文,就到耶鲁"的共识。耶鲁的文学和艺术学科向来居美国之冠,师资与学生素质自然是人才济济。作为一个东方人,没有欧美同学研究以母语或同通语系语言写成的作品的优势,所以我还会到大学部旁听没上过的基础课程。

在研究所的课程,基本上是独立研究,上课的形式多是十多名学生的小班制研讨会,着重的是积极地参与和互动。我在文学院修的课,需要读大量的文学作品。比方说上《法国小说》,一周一本,一个学期下来要读十几本小说。像萨德侯爵的《朱丽叶》有1000多页,一个礼拜内要能读出精髓,很费力。

研讨会重视研究生与教授交流看法,欧美同学的个性很适合在这样的场合争取发言权。我发觉作为一个外国人,如果不积极参与讨论,便马上变成局外人。这不只是在课堂的形象问题,只听不说更使得脑子懈怠,在心理上泄气,影响学习效果。而且开学的前几堂课,如果不敢举手,越到后来,越是胆怯难举手,因为插嘴没戏!

那个时候流行的词儿是"笨问题"Stupid Question. 教授为了鼓励

纽约芭蕾舞团首演晚会与企业主席修德潘合影

2013年纽约植物园年度"冬之仙境"慈善晚会

与首批登陆月球的前太空人巴兹·奥尔德林在摩纳哥王妃蕾丝慈善晚会合影

在洛克菲勒大厦顶层花园与名媛朱莉麦克洛出席晚宴

主持 FENDI 茶会,并示范新款皮草

穿新锐设计师维克托·德索萨新款作品，和设计师出席纽约服装设计学院博物馆开幕式

穿自己设计的晚礼服，在纽约第五大道特朗普大厦主持自己创办的杂志创刊酒会

同学跳出窠臼,喜欢鼓励大家问"笨问题"!也就是大家不敢问(以为别人都知道,只有自己不知道)的问题!

所谓"笨问题"其实是指别人还没想好的问题,但是绝对不是毫无准备,一片空白地去问一些傻不拉几的问题。要问出真正聪明的"笨问题",还得好好思考准备。

我知道,坐在后排的同学永远没有办法学好东西;最后举手的同学,永远没有办法争取到给自己自信打气的话语权。因此,我的备课就是准备我的发言。我也相信,要拿高分,光靠一篇漂亮的期末论文没用,我必须在课堂上争气,让教授同学听到我的声音。

我的备课策略是,除了读指定的文学名著之外,我还会到图书馆搜一些重要的文学评论。看其他评论者的著作,并不是为了要抄袭他们的思维,或是引用他们的观点来为自己助阵。相反地,正因为教授对学界的分析很熟悉,借此想发展出跟他人不同的见解。

有一堂课讲文学里面的心创与见证,这个是法文系教授费修珊在法文系与比较文学系同时开的课。当时,法国导演郎兹曼刚发布了一出关于犹太大屠杀见证的纪录片,在长达10多个钟头的影片里,访问了许多生还者与目击者,在理论界掀起了很大的争议,也就是质疑记忆的重组,见证的信赖度与可能性。

我对这个论题非常有兴趣,因为在动荡的民族史里,自然会想到历史与记忆的问题,特别是南京大屠杀的见证。这堂课,从法国女作家玛格丽特·杜拉斯的《广岛之恋》到卡缪的《鼠疫》,到关于第二次世界大战审判的电影《纽伦堡的审判》,法国作家爱弥尔·左拉亲身经历的入狱和放逐,还有犹太大屠杀。由于我已经对这个话题做很多的研究，所以在课堂上也马上有主动的发言权。这堂课也引发了我把费教授的一本专著翻译成中文的动机。

在课堂上我也提到了，因为犹太大屠杀跟犹太人的"种族身份"的历史有关，难免产生了是谁才有资格切身去谈这个问题的争议。当初很多对这个话题有兴趣的人都是由犹太裔学者。而就一个完全与犹太文化没有血缘关系的东方人，我反而有他人未见的观点，也受到他们的尊重。

研究生的任务，除了参加小组的讨论区外，就是写论文，所以大部分的时间都是独立作业。这些经验虽然非常可贵，但是我知道作为一名外国学生，在基础教育方面，特是西方文明方面，有些欠缺，而且没有办法跟美国人的生活打成一片。

想要了解耶鲁大学生的生活，最好的方式就是到12个学院餐厅，耶鲁大学实行类似牛津大学和剑桥大学的"住宿学院"制度。新生被分配到耶鲁大学的12个住宿学院，大多学生都在学院中居住四年。大学部学生每天都会固定在他们的餐厅里面用餐，就像一个延伸家庭的小社区。

我常常加入在不同住宿学院举行的"法文会话午餐桌"，在吃饭的一个多钟头内，围桌而坐的学生和老师都必须以法文交谈。我刚从巴黎回来的时候，我的发音比美国同学还地道，也因此很敢聒噪。

我认识的几位教授兼任驻扎在各个学院的住校院长，他们定期举办"院长茶会"（Master's Tea），邀请各个领域的著名人士，如美国乃至世界各个领域的精英人物，到校园里与该院学生交流。借着跟这些住校院长的关系，我偶尔到这些场合去"蹭茶"，也从这样的场合了解美国大学生对生活，还有对人生的看法。

我还修了两年的密集日语（Intensive Japanese），我把它翻译成"紧张日语"。我们用的教科书由耶鲁大学的日文系编辑和出版，是美国日语教育的典范。每周一到周五早上两个小时，等于是以一年的时间压缩两年的课程内容。我们的日文老师非常精准严格，军事化的程度绝对不逊于台湾的老师和教官。每天必考，而考试的时候，连少一个逗点，都会扣0.1分。

日语基本上由汉字和平假名混合书写，外来词和某些特定学术用语则用片假名。我们的教材为美国同学而设计，我们先用罗马字学读音，再进一步学平假名、片假名和汉字。学了日文使我领略到，日文里虽兼容大量外来语，但外来语的身份一直用片假名的形式保持它们外来的身份，就像日本文化擅长引进外国文化元素，却同时能保存日本传统文化资产不受威胁或混淆的特色。

"紧张日语"班的学生大半是耶鲁大学部的学霸，可以把日文老师交代背诵的日语对话100%搞定。每节教科书里都是长段的实景对话，我们每天早上一进教室，老师便立马点名叫几个同学上台照背好的台词对话，然后再考书面默写。

拜托拜托，千万别叫"刘君！"这是我每天早餐的祷词！

学霸同学不但精熟口语和书面语的区别，还有因身份、年纪、阶级、职业而异的简体、礼体、敬体、普通和郑重、男与女、老与少有别的各种语式和语气。美国人用罗马字拼音来背日文，自然诉诸他们习惯的记忆系统。我得一直等到写汉字的时候，才略有优势，但是日文里的汉字发音与普通话差很多，多半用法也不同。

我的日文同班同学中有一个非常可爱搞笑的 Vivienne，我经常到她的公寓里一起对日语"台词"。Vivienne 和她的姐姐同住，两个都是耶鲁大学部前后届学生。

她们的父亲蔡中曾，曾是台湾取得耶鲁大学法学博士的第一人，在台湾创办了以国际法律事务见长的常在法律事务所，历年来为耶鲁法学院提供重要奖学金赞助。

在 Vivienne 的家中，我见了她哥哥 Joe 好几次，Joe 当时在耶鲁法学院读三年级，每次我见到他时，他都穿着一套灰色的耶鲁棉涤加绒运动服，戴着一顶棒球帽，肩上永远扛着一个超大的旅行包，像是随时与法学院的法例书战斗。

Joe 的中文名字是蔡崇信，后来放弃年薪 300 万港币的工作，加入只付得起人民币 500 元月薪的阿里巴巴团队，成为与马云互补的最佳拍档，帮阿里巴巴赢得许多重量级的国际融资，如美国的高盛和日本的软银。阿里巴巴上市后，他是董事局执行副主席。

今年 3 月，蔡崇信为纪念他的父亲，捐赠耶鲁法学院 3000 万美元，耶鲁中国法学中心从此更名为"蔡中曾中国中心"。

异国他乡的生活

用外国语做梦,是什么样的感觉?

有人说当你能够用一个外国语言做梦的时候,就表示你已经对于那个外语有相当的掌握。它已经变成一个很自然反射的习惯,沾粘到梦里面,都能够用它来演讲,感觉和思考。

但是,在梦里顾得了那些文法?那些规律呢?

"How do you do?"

"幸会,幸会!"刚到美国,第一次见到高大上的布鲁克斯教授,至少185厘米高,伸出他宽阔的手握着我表示欢迎。我却吓得一句话都不晓得怎么回?

其实最直接的方式就是回同样的客套话:"How do you do!"("幸会,幸会!")

我算是体会了,背了很多单字和文法,却不敢张嘴的挫! 后来跟美国朋友混熟了,发觉他们很喜欢说:

"What's up?"

"How is it going?"

"What's going on？"

这些问候人的方式，并不是字面上的意思，"什么情况？""过得怎么样？"问的人，通常不期待你一五一十地把你的情况跟他说，顶多像中文里面"吃饭了没？"这样子的应景话。

到外国去求生存，马上会让人谦卑起来。

旅法画家赵无极，据说曾经劝年轻的中国艺术家到巴黎的时候，不要只在中国圈里混。必须完全介入法国的生活，才能够学好法语。这个对于用绘画来表达自己的人来说尚且重要，更何况是像我用语言为工具的人呢？

在耶鲁念了一段时间以后，我觉得自己的法文不够，花了一个暑假到巴黎去学法文。我的大学同学苏菲亚当时在一个法国家庭当"au pair"（寄宿保姆）。

除了管吃管住，还赚学费之外，可以完全融入法国式生活。

"跟小孩子学法语，最好不过了！学外国语言最好是像小孩子一样，童言无忌。"

可惜，我在美国是合法的学生身份，没法也没空到一个美国家庭当寄宿保姆！

这些还是口语上的小事。要写地道的英文，又是另一种门槛。

在台大的时候，教我莎士比亚十四行诗的赖声羽教授（导演赖声川的哥哥），曾经跟我说，从小在美国长大的他，写中文是一字一痛，特别是准备在报章杂志发表的文章。

这也是一个用非母语来创作的作家所共同的痛苦。我在台湾念书的时候，得了不少文学奖，也在《联合文学》《中外文学》《联合报》

副刊发表诗作与散文，算是个十足的文艺青年。在台大时还当上了诗社社长。

到了美国来以后，总算体会那种满肚声音却发不出来的心境。虽然不是一字一痛，也是几字一痛！即使在美国已经住了好几年，也在耶鲁好好锻炼了一番，在研究所里基本上老师只是看文章，而不替我们改英文。

即使自己写的文章还算满意，但是跟美国同学分享的时候，他会劝我把某些句子完全重新写过，因为他虽然能够了解清楚我说要表达的意思，但是一个把美式英语当母语的人就偏偏不这么说。这对一个习惯用诗歌来表达自己，相信推翻语言框架的现代诗人是非常痛苦的事情。

耶鲁大学的文科教授，都打领带穿西装，虽然它们的面料可能跟华尔街的直纹格式不同，比较写意，但是可以感觉到他们注重课堂上的庄重，我常去旁听大学部的课程，想要把以前没有学过的根底，扎实地补起来。教授讲课的时候，或是在研究生的研讨会开始给的一个小演讲，都准备有底稿。虽然不是照本宣科，可见他们对于内容的精致，非常重视。也因此让我体会到了即使用母语，而且是对英美文学非常有研究的老师，也都是这样兢兢业业的。

我当时的课很重，除了比较文学，各国的文学之外还要修文学理论课，因为耶鲁是20世纪出名解构主义（Deconstruction：英文原词不带"主义"字尾，强调这种思维的开放性，无终止性和自我解构性）的大本营，当时"解构四人帮"中还有两名教授仍然在耶鲁任教，一个是哈罗德·布鲁姆，另外一个杰弗里·哈特曼，这些都是世界级的哲学家和文学理论家。当时他们关注的重点，也就是直接对作为人类文化传播载体的语言本身提出了质疑与挑战，强调文本中自身逻辑矛盾或自我拆解因素，从而颠覆文本的传统建构，暴露写作和阅读中的偏差，因为在20世纪以来，结构主义，还有考古学人类学都对语言学专注，认为语言是一个架构，也就是我们很多的思维模式，我们的文化价值都被我们的语言架构所圈限。

可是虽然对语言和文本的解构已成为哲学的主流思潮，并不表示你就可以在耶鲁，跟美国人用不合文法的语言交流。

美国人之间也不见得每一个人都写得漂亮的英文，这就像中国人之间，因为文化背景跟教育程度不同，语言能力也不一样。但是作为一个外国人，识别能力不强，很容易把好英文与坏英文照单全收。

我也体会到像耶鲁大学这样的综合大学，学生不见得上过专门的写作课，教授也没有时间为学生逐字批改作文。反而是新英格兰一些有名的人文学院，如隶属"七姐妹联盟"和"人文学院联盟"的小学院，环境优雅，学生跟老师之间的关系比较紧密，老师有时间带学生做英文写作的训练。

我在艺术史认识一个同学裴珍妮，艾姆赫斯特学院毕业。艾姆赫斯特学院始建于1821年，是马萨诸塞州第五古老的学校，多次揽得"全美最佳文理学院"宝座，是新英格兰五所人文学院联盟之一，素有"小常青藤"之称。我教她文言文，她帮我看我的英文写作，然后给我直接的批判。

耶鲁虽然有非常浩大的师资阵容，但是学东西还是得靠自己。

办时尚杂志的时候，团队里有一个从小在美国土生土长的年轻编辑，我经常纠正她的文章里面的文法与标点符号毛病，连逗点后面多个空格，都可以扫描出来。她非常惊讶，因为这些是连美国专业编辑同事都抓不出来的小毛病，她问我"为什么别人都看不出来，你就看得出来？"

我这不也是被逼出来的吗？

写博士论文的时候，我在耶鲁史特林图书馆有一个固定的保留座位。我到那儿去看书查资料，有些书就搁哪儿。有一回，当时《耶鲁法律与人文》期刊的主编陆丹找我搭讪，他是法学院博士班的学生，曾经在密西根大学攻读政治学博士。我们就解构主义聊了起来。看到我对很多知识各种领域都有涉猎，而且非常有兴趣，他便邀请我去参加他的期刊编辑会议。

《耶鲁法律与人文》期刊算是耶鲁法学院里很前卫的跨界学术期刊，编辑委员会中，除了有名教授咨询，都是法学院、社科院与文学院博士候选人组成。

这个期刊具有学术性的要求，不发人情文章，为了公平，采用双匿名评阅制度。每一次的编辑会议前，每一个编辑都可以针对当期初审编辑筛选过的文章，发表意见与批判。即使出自是名教授和名学者手笔的文章，也与其他文章一视同仁。

编辑委员会投票选定后，再递交由特约全美精英学者组成的评委会通过后才能发表。

我第一次参加编辑会，便针对不同领域的文章发表意见，这个来自文学院的东方面孔让其他的编辑非常惊讶，造成了一个小轰动。后来我发觉这些法学院的同学，对于我的意见非常重视，使我特别起劲儿。文学院的博士班讲究的是个人独立思索，这个过程很孤单。在法

威尼斯的风情

这是我在巴伐利亚省中古城罗滕堡寄宿家庭的阁楼，
当地典型的德国木框架结构房

学院编期刊的时候，觉得我成为他们的一部分，能够融入法学生的生活圈。这也是后来我投考申请法学院的出发点。

在期刊忙活了一年之后，有些法学院同学怂恿我竞选下任主编。我？就凭我一个外国人？

宣布参选，我还不懂得四处拉票，只对编委会讲述了自己对期刊的一些想法和理念。当在座的编辑以绝大多数举手拥护我，成为第一个以外国身份拿到主编这个职位的人，我想：Wow！我一个外国人，居然可以在耶鲁法学院与美国学者平起平坐，打成一片！

当主编的过程，训练我如何编辑一本专业的期刊，迫使我去学一些出版界所必须使用的一些专业用语、编辑代号、文章格式、标点符号、成语俚语，也知道分辨业界公认的好工具书。

没想到，多年后，创刊时尚杂志，这些硬功夫还挺管用！虽然，偶尔那个"一字一痛"的感觉，仍然从皮肤底层浮现上来。即使美国人写电邮为了抢快，习惯用非正式的英语，也经常犯拼音或拼音的错误，我还是战战兢兢，生怕任何一个失误，便提醒读者"因为她是一个外国人……"

每次劝母亲赶快到美国来看我，她都会推迟说："我还没准备好，我的英文课还没上完。英文要练好，才敢到美国去！"

在台湾的英文课，她学的是莎士比亚的《威尼斯商人》，还有海明威的《老人与海》。

我说，还是赶紧的，到美国来吧。你还不如在纽约走出家门，到一个店家，说：

How do you do?

史景迁的"御用"助理

在耶鲁上学的第一个夏天,由于我的奖学金只包上学期间九个月的生活费,暑假的时候我必须要靠自己来打理。理工科的教授通常都有好几个研究奖学金的名额,而文科对研究助理的需要极少。

我打听到在历史系,有一个名牌教授史景迁,十几本畅销书作家,他在大学部的课程,一年可以吸引至少500个学生,拿不到名额的学生还得排队候补。我认识的大学部学生,大二、大三就开始登记抢修,如果大三还修不到,大四还可以试一次。

史教授是一个说故事的奇葩,把一个冷门的中国现代史说成耶鲁人人比修的热门课。耶鲁每届大学部收1000多名学生,也就是接近一半修过史教授的中国现代史!

他在校园里面就像一名摇滚巨星一样。A Rock Star!

我从来没有修过他的课,也没会过他!照理说没有资格去担任他的研究助理。但是我突发奇想,没有知会任何人,写了一封信给史教授,说我的文言文很到位,英文是本科,给我一份差事吧。

后来，史景迁夫妇经常邀请我去他耶鲁的家做客

没想到，一个礼拜后，我接到史教授的亲笔信：他破格地录用我！那个暑假，他在写关于太平天国洪秀全的书。我就成了史教授的"御用"研究助理！

头一次见到史老师，是在纽黑文华尔街90号的那不勒斯比萨屋。他带着美国化的英国口音，炯炯有神的眼睛，满腮整齐的胡子，学术版的肖恩·康纳利，像是随时等待倾听你要讲的故事。

史老师手上握着一大把黄壳的铅笔，仿佛当场就要坐下来写完一本书。

"我想写一本关于洪秀全太平天国的书。最近中国学者王庆成在英国国立图书馆东方部，发现了太平天国官方印书《天父圣旨》《天兄圣旨》，这些新资料可以帮助我们用新的角度来看太平天国的历史。我手边有胶卷的影本，你可以帮我解析这些文件吗？"

其实当初我写信给素昧平生的史老师，并不知道他正想写一本关于洪秀全的书。而他破格录用我，并不知道我正好是基督徒，到美国后还修过圣经学。

洪秀全(1814—1864)是广东花县人，四度科举应考落第，以梁阿发的通俗布道书《劝世良言》为理论根据，援引中国传统观点来印证《圣经》，把书中内容与自己以前大病时的幻觉对比，认为自己受上帝之命下凡诛妖，借此建立了"拜上帝会"。自称是上帝的二儿子，耶稣的弟弟。洪秀全编写了《原道救世歌》《原道醒世训》《原道觉世训》《百正歌》等布道诗文，利用基督教的教义进行政治活动，并陆续制订拜上帝会的规条及仪式。

关于金田起义筹备时期的文献极少，是研究太平天国的难题，新发现的《天父圣旨》和《天兄圣旨》对起义前"拜上帝会"内部高层的运作，提供直接的记载。

每个礼拜四下午，史老师和我固定在那不勒斯比萨屋碰头，他每次都带着一大把铅笔，一本黄页横格笔记簿。很松的黑色带银腕表带，腕表盘面永远戴在手臂的内侧。

我跟史老师极少在他的办公室碰面，当时那不勒斯比萨餐屋就是他的写作坊，一杯咖啡，远离书本与史料。我想，对他而言，那就是一座巴黎式咖啡屋，他可以在那里尽情地神游。他的畅销书《追寻现代中国：1600—1912年的中国历史》（The Search for Modern China）的前言，就署名此书是在这家餐馆写的。

纽黑文以新那不勒斯的薄皮"雅比萨"闻名，但是最火的绝对不是华尔街90号的那不勒斯比萨屋。真正远近驰名的比萨店，包括死对头弗兰克佩佩及萨莉比萨餐厅，经常得排上几个小时才能进餐馆！现在已改名为华尔街比萨的那不勒斯比萨屋，自1948创建以来，以周四晚上新鲜人不醉不归的啤酒狂欢大会而著名，变成耶鲁学生的"必修"仪式。

那不勒斯比萨屋位于史特林图书馆和惠特尼人文中心之间，斑驳的木头桌面，黯淡过期的装饰，就像一个落魄的作家。正在创作巅峰的史老师，却为这个学生聚集的地方，添加了畅销作家的气质。

每次等史老师的时候，我就研究比萨屋的菜单。经典的恺撒沙拉：清脆的生菜、烤面包丁、帕玛森乳酪、恺撒沙拉酱。耶鲁科布沙拉：混合生菜、新鲜的烤火鸡、熏肉、蓝奶酪、牛油果和自制意大利甜香醋酱。玛格利塔比萨：西红柿、水牛莫泽瑞拉起司、加罗勒叶。

三美元可以换来一大壶冰啤酒。

但这些"平民食物",我们一次都没吃过。每一次史老师一杯咖啡,我一杯茶。

走出那不勒斯比萨餐屋,史老师是耶鲁大学最高级的史特林讲座教授。在校园里,史老师是"史神",和他走在纽黑文华尔街的路上,总是有不断的教授与学生跟他打招呼。

我们做这个项目时,史老师拿了麦克阿瑟"天才"奖学金。他一个钟头付我10美元。

说老实话,要不是因为史老师的项目,我绝对不会主动关注这些怪力乱神扮神弄鬼的史料。我的世界属于曹雪芹、冯梦龙、施耐庵;看到太平天国教条里粗糙的文字,荒诞的想象,对基督教义的扭曲,好像看一出滑稽动漫。

比方说,《天兄圣旨》记载天兄(耶稣)120余次"下凡":

> 天王问天兄基督云:"天兄,这个曾玉珺十分可恶。他既持(恃)横打黎添宽,今又想告黎添宽也。"
>
> 天兄曰:"挐钱畀他买纸,难道还怕他么?左来左顶,右来右顶,随便来随便顶。"

我想,如果太平天国的语文水平就是这般,难怪洪秀全会四度落第!

对于小人物,史老师有一种跟对大人物同样的神入同感。也就是为什么他自己的作品能够在读者里面引起强烈的共鸣和感染力。史老师看出这些所谓关于天兄（耶稣基督）下凡的"异象"，与当时太平天国的历史事件的关联。他认为这些文字可以使后人对洪秀全本人心态开了一扇窗，了解他所吸引的群众基础，和他们对"拜见耶稣"的一连串反应。

史老师讲故事和写故事，喜欢由很小的细节入手，越琐碎越好。他在1987年出版的《胡若望的疑问》（The Question of Hu），以日志形式记述了18世纪一名叫胡若望的中国天主教徒，在法国备受东西方文化的巨大差异的煎熬，最后竟沦落到精神病院，故事的铺陈夹入早期中外文化宗教交流的史事。而Hu与Who谐音，英文书名也映射The Question of Who？提出了一个存在主义式的问题："他是谁？"

而引发史老师写1978年的《王氏之死：大历史背后的小人物命运》（The Death of Woman Wang）的原始材料只有几页。他借着一个名不见经传的村妇，来呈现一个同一个国家、同一种文化、同一个时代，与康熙一书完全相反的世界。

他常常提醒我，他的中文名字纪念了他最崇仰的历史学家司马迁。对史教授而言，司马迁很会讲故事，把很多家庭、普通人以及组成中国的很多小国家和大历史的洪流联系起来。如果不是他的带领，我可能只把这些太平天书视为牛鬼蛇神的邪书。

其实，那个时候我还是一个象牙塔里的学究，习惯看充满学术性术语的论文，并不能够充分体会史老师的历史意义。现在想起来我现在做的很多事情，也是用类似的手法，想把中国文化带到西方主流社会中。因为西方大学资源丰富，可以吸引到非常高端的人才与专著，但是学术著作的影响力,通常只是在一个非常小的范围,对美国主流或西方大众没有很具体的影响。现在想来,我的媒体使命或许就是那时候埋下的种子。

我是搞文学与艺术的,在乎的是比历史事实更重要的心理现实。史老师的作用就是用非常生动的文笔跟洞察力,把一个很死板的历史说成一个很生动的故事,把外在的环境与内心的"真实"链接,即使对中国历史完全没有兴趣的人也能够得到启发。他的长项就是以细节着手,从无关紧要的历史都能够看出端倪来。

我在哥伦比亚念法学院博士班二年级时,有次在亚洲协会的活动中巧遇史教授,他说:"洪秀全的书出版了,你把地址给我。"过了一个星期,我在邮箱里发现一个耶鲁来的包裹,里面有一本《天国之子和他的世俗王朝:洪秀全与太平天国》(God's Chinese Son: the Taiping Heavenly Kingdom of Hong Xiuquan)。

这本新书的内页里,有史老师的亲笔签名:

致裘蒂:你的学术知识,还有热情,对于这本书的贡献非常大。我热烈祝福你的新事业生涯顺利。景迁 1996 年 2 月 11 日于耶鲁大学

我翻开书页,在书的前言感谢辞中,第二段一开始他写了:

我还要特别感谢刘裘蒂宝贵的引导,她以她对中国基督教史料与和对文言文的了解,带领我探索新发现的太平先

知书，和早期中国基督教教徒梁阿发的传道书。

读到这里，我的脑海里突然浮现起：一大把黄壳的铅笔，一本黄页横格笔记簿，一则还未动笔的故事。

耶鲁的神秘组织

每次我回到耶鲁校园，总会带着一把方型钥匙。这把钥匙锁定了我终生和耶鲁之间神秘的联系，让我在这个循变的校园，境迁的人事里，找到大学街459号。这是我隶属的"神祕组织"：伊丽莎白女王会所。

许多美国大学都有令人艳羡的神秘组织。莫名的入会条件，挑剔的筛选方式，诡异的入会仪式，和不对外公开的秘密活动，都使这些组织染上了特别蛊惑力。

这些社团大多不让自愿申请，而是由组织决定吸收。大学部学生争取进入有权势的神秘组织，就如同参与终生受用的帮派。社会上有很多关系都靠明确的合同，而神祕组织拜把兄弟的情谊是默契，灵魂的刺青。

耶祕的神祕组织，由于媒体对名人的渲染，全球闻名。其中最尊贵的当属已有172年历史的骷髅会，公认为全美大学神祕组织中最诡异也最难进的组织，据说骷髅会的向心力，可以一言以蔽之："在美国，任何时候，任何领域，会长都能号召成员去做一切他们认为该做的事情。"

极其神秘的入会规则，望而生畏的会员名单（每年只收 15 名"最优秀"的三年级学生），从这个骷髅会里走出了 3 位美国总统、2 位最高法院大法官，还有无数美国参众议员以及内阁高官。2004 年美国总统布什与民主党总统候选人约翰·克里激烈竞选美国总统，尽管他们隶属于对峙的党派，政见迥异，却都是骷髅会的前后期成员！

入选"骷髅会"的多为美国的名门望族：老布什总统是 1948 届会员，儿子乔治·沃克·布什是 1968 届会员，老布什的父亲普雷斯科特·布什是 1917 届会员，而叔叔乔治·赫尔伯特·布什也是 1927 届的骷髅会会员。

没有显赫家世的黑石集团的创办人兼 CEO 史蒂夫·施瓦茨曼（1969 届），是少数靠自己奋斗走入骷髅会。

作为研究生，我与仅收大学部学生的骷髅会绝缘，也没有资格进入书蛇会和其他社团。但是我却荣幸加入了一个半神秘组织。

2016 年 1 月《商业内线》杂志评选了耶鲁 43 个社团中最有财力的七大精英神秘组织，其中的"伊丽莎白女王会所"坐拥 420 万资金。

在耶鲁念书时，当我在史特林图书馆的书丛中待了一下午，我总会大步跨过校际大草坪，约 300 米的距离，便可以来到大学街 459 号。伊丽莎白女王会所座落在一个地标性的联邦时期建筑，大约建于 1775 年 1810 年之间，曾在 1995 年至 1996 年间整修，目前是国家级与州市级历史古迹。

我从书包拿出我的钥匙，一开门便可以看到，住在俱乐部的管家精心准备的英国式下午茶。每天在4点到6点之间，私家秘方配制的经典"伊丽莎白红茶"便飘香而来，弥漫着入厅的桌上整齐罗列，因日而异的迷你三明治和各式姜糖饼，我最爱的是小黄瓜三明治和花生酱三明治。

伊丽莎白女王会所成立于1911年，由1896年毕业的校友亚历山大·史密斯·科克伦创立，因为当时耶鲁大学没有能让年轻人以文会友的场所。

科克伦捐赠会所楼房，一名住在后庭的全职管家，10万美元（约折合现值250万美元），和极其珍贵的文艺复兴善本书。伊丽莎白女王会所的藏品，包括莎士比亚对开纸原版书，弥尔顿的《失乐园》，斯宾塞的《仙后》，和弗朗西斯·培根的《论文》等书的首版，还有世界仅存的三部1604年版《哈姆雷特》之一，都锁定在俱乐部著名的保险库。

每次保险库的转控大圆轮启动时，在座的会员与学者都会不自主地哆嗦，静谧地等着哈姆雷特父亲的幽灵出现。

昵称为"丽姿"的伊丽莎白女王会所，以低调优雅的小桌、沙发和座椅，提供许多私人交谈的角落。除了16世纪和17世纪的书籍和文物，二楼地图室全以古典的壁纸为墙，展示莎士比亚和伊丽莎白时期的藏书，《幽默和讽刺》的英文杂志，而自修室有19世纪到20世纪的书籍。

"丽姿"不对外招生，新生没有资格成为会员，每届1000多名耶鲁大学部学生中，只有15名本科生可以取得会员资格。除此之外，只有研究生、耶鲁教授或图书馆研究人员有资格提出申请。

俱乐部的任何申请者，必须具有在文学与社会领域深谈的兴趣，并由两个俱乐部会员推荐。这个表面看来容易的标准，却掩藏了许多内部审核会员运筹帷幄，不为人知的过程。

美国著名音乐家科尔·波特在耶鲁求学时，被"丽姿"拒于门外，他为此写了两首歌曲泄愤。一首名为《耶鲁大学伊丽莎白女王会所的一员》，讽刺自以为是的"丽姿"会员；而另一首《自从我们会面》讥嘲一对假正经的情侣。后来，"丽姿"改变了它的决定，波特终于成了他所讥讽的伊丽莎白女王会所的会员。

我还犯不上写歌来争取会员资格。在修了克赖顿吉尔伯特教授的《文艺复兴艺术》和《米开朗琪罗西斯廷教堂》艺术史课，以及文艺复兴文学泰斗汤玛斯格林教授的《史宾塞仙后》的课后，我从同学口中得知耶鲁有一个学界闻名的伊丽莎白女王会所，很难搞。需要两封大咖会员的介绍信。

搞定汤玛斯格林教授的推荐函后，我又找史景迁教授为我美言。有这两位巨星级讲座教授为我背书，很快地我便拿到我的方钥匙。我交了终生会费10美元，加上2美元买方形的钥匙。

如果有人质疑大学教育的回报率，我觉得大学是通才教育，不能用职业学校的公式来计算投资报酬率。大学教育就是给你一把钥匙，你不知道那把钥匙可以开哪一扇门，但是那个钥匙本身就像一本让你可以挑战人生的秘籍。

我的钥匙让我有全天出入会所的权利。根据会员守则，周四到周日会员允许带客人到会所休憩。我曾经带着其他科系的教授和同学到会所里谈天说地。我的朋友格雷格穷得像教堂里的老鼠，总是央着我带他蹭三明治,然后他就激昂地朗诵《马克白》里的台词。

我的客人一进门,便在登录簿上签名,这也是俱乐部的传统。曾经到此拜访的知名人士包括美国总统西奥多·罗斯福,美国桂冠诗人罗伯特·弗罗斯特(常客),英国哲学家伯特兰·罗素,英国小说家约瑟夫·康拉德,爱尔兰诗人叶芝,美国60年代嬉皮诗人艾伦·金斯伯格,美国诗人威廉·卡洛斯·威廉斯,和英国导演及莎士比亚演员肯尼斯·布拉纳。

我最近一次的客人是父亲。2006年,他最后一次访美,已经是帕金森症晚期,必须随时依靠轮椅。我和弟弟抬着父亲的轮椅,迈过红砖的梯阶,我用方钥匙打开了那扇绿门,伊丽莎白女王的会所突然像一出悲剧,就连莎士比亚都写不出来的内疚:为什么在他行动自如的时候,没想到带他到这个地方?让他试试我的方钥匙,是否还是管用。

part 5　不完美的提升力

我不是"全A"的金刚学生,我没有时间交男朋友,我没有绿卡怕找不到工作。但是这样莽莽撞撞地我也过来了,我能够接受自己不是一个完美的女神。

如何疗伤

我婚变那年,很窝囊,心里堵得慌,但不想去看心理医生,就去学阿根廷探戈。

我很小的时候在《读者文摘》里面读到一篇文章,讲一位美国明星决定她的生命就是一场派对,即使是到最后一刻,也要活得烟火辉煌、精彩过瘾。我当时就想我的人生也要这样,永不弃权!

我的第一次婚姻,可以失败;但是我的人生,不必失败。心理医生如果把人很快治好,就没有生意了。所以在对心理治疗上瘾,与对阿根廷探戈上瘾之间,我选择了后者。

许多年来,我一直都想学阿根廷探戈,苦无没有机会。没想到,一场婚姻的解散,给了我一个起舞的借口。

不参加舞会,谁会请你跳舞?

每次想要逃避活动,窝在家里的时候,就会想起这个俗语。

有些人用爱情疗伤,找一段速成的恋情,修补以前的感情创伤。我不想用一个新的洞洞补旧的洞洞。即使在美满的婚姻里,也有对个人自主的挫伤，和不必要的妥协，我突然贪婪地享受这个有权自私的日子。

有些人用工作疗伤。但是工作如果成了另外一种逃避的方式，那个疮疤就没有办法痊愈。我觉得我对法律工作的牺牲，让我失去了感情与事业之间的平衡点。

我学过现代、爵士、国际标准舞，但是阿根廷探戈是我学过最困难的舞蹈。国标中也有探戈，但是阿根廷探戈更有张力，在经典舞步里玩转即兴，全靠舞伴之间的无言默契。

阿根廷探戈的舞场叫米隆加（Milonga）。想到米隆加舞场钓马子或凯子的人，恐怕要失望了。虽然阿根廷探戈的起源与求偶不无关联，舞步的难度迫使舞者接受专课的训练，很少人到那里鬼混。

我常开玩笑说，再丑再老的女人，只要跳了精熟的探戈舞步，也会成为米隆加场子里的热货。

阿根廷探戈发源于阿根廷首都布宜诺斯艾利斯的港口地区，结合米隆加、哈巴涅拉、坎东贝等拉丁美洲、非洲多种民间舞蹈，是彻底在社会边缘演绎的移民文化。

20世纪初期，布宜诺斯艾利斯的男性到米隆加舞场请女生跳舞之前，必须先在专门供年轻男生习舞的地方锻炼两三年，先向男教练求教，等到"毕业"后才敢到米隆加去邀女生共舞。阿根廷探戈的难度，可以从这个训练过程想知。

我们当今的社会，哪有人以三年的工夫去换取求偶的技艺呢？

阿根廷探戈的音感，是永不妥协的爱憎分明。激情，忌妒，温存，背叛，愤怒。这些我不想在现实生活中沉溺的情绪，就让它们释放在舞步里。

阿根廷探戈舞者所表现的全神贯注，正是我需要的疗伤方式。

我入门不久，就听了一位同学的建议，拜了艾丽西亚克鲁扎多为师。艾丽西亚是纽约阿根廷探戈学会的主教，曾为阿根廷图库曼芭蕾舞团一线舞者与艺术总监，又是弗拉明戈舞与阿根廷探戈的专业舞者，有32年的舞台和教学经验。在她的字典里，没有"花拳绣腿"这个词儿。

除了参加8人到10人的小组课程之外，我还跟她上私人指导课，并且每周有两个小时在把杆上操作的基本舞步训练。周末的时候艾丽西亚带着同学到米隆加舞场作实战训练。

米白色的头发扎成一个小髻，圆圆的脸，像小时候台湾电视上教英文的鹅妈妈赵丽莲博士。冲着她发福的身材，绝对看不出来艾丽西亚以前是飞越舞台的芭蕾舞者，或是令人销魂的探戈女郎。但是等她一走舞步，鞋尖一点，腿一回旋，立马让你觉得整个舞台突然亮了。

原来，连走路都有阵势的。当她看着我，用手击掌，打出不规则的节拍，我的灵魂瞬间就被唤醒了。我的生命仿佛又重新找到了节奏。

艾丽西亚一点一滴，把阿根廷探戈背后的历史与哲学，从服饰、音乐到舞步，都教给我。

激昂的键盘手风琴，撞击着特有的切分节奏，加入小提琴、钢琴及低音提琴，时而舒缓鹅步，时而快如激箭。踢腿、旋转、折腰——阿根廷探戈女伴总是以退为进，对像我这样的"控制控"，是件很不自然的事。专业的阿根廷女生舞鞋鞋跟，就是为后退步伐而专门设计的。

我总是习惯性地想要控制我的人生，探戈教我如何先放弃控制的欲望。

"练习，再练习，直到你的肌肉有了'肌肉记忆'（Muscle Memory）为止。"艾丽西亚可以永无止境地重复这句话。

女伴贴着男伴，以男伴为支点，两个舞伴的脸挨着，因此，阿根廷探戈女舞服的背部远比前面好看。

"你学过社交舞？"刚开始的时候，每个男伴在和我跳了几步之后，便看得出来。

我曾经学过的国标探戈，反而变成我起步的弱点。国标里的探戈男女的重心都向往外撑开，如一个伞形，以彼此为支点。

阿根廷探戈要求两个舞伴的身体并行直立，男女舞者上半身重心前倾，彼此贴近。

阿根廷探戈对音乐的依赖和诠释也比国标探戈更细腻。

走在路上，我都可以听到《一步之差》舞曲的节奏：

> 缓慢地拉开我们之间的距离
> 以一步之差赢得比赛的高贵赛马
> 在它回过头来时仿佛还听见它对我说：
> "兄弟，你别忘了，你知道你不该赌的"
> 就这么一步之差
> 从那充满情挑、欢愉的女人身上瞬间爆发的爱
> 她的身上仿佛除了微笑与爱之外，一丝不挂
> ……
> 就这么一步之差

假如她忘了我，我不惜死去一千次

假如她忘了我，我又为什么要活呢

……

如果爱情就像是一场赛马，那也够了吧

我不要再赌了，不想再等待那桢离别照

但是如果下次有一匹马儿的获胜就像星期天到来的那般确定

我还能怎么做呢？

我一定还是会赌上一切

在米隆加舞场，能够把记忆交给对方，甚至是一个陌生人。不用过度思索舞步，或者未来。参加舞会，我甚至连一个舞伴都不需要。

但是人生的紧迫，使我们随时都在问值不值得。这些以前可能不需要思索的问题，我每天都要想好几回。

参加这个聚会，值得吗？

跟这个人吃饭，值得吗？

跟这个人跳舞，值得吗？

其实想穿了，跟一个人吃饭跳舞，需要什么缘分？

一名好的舞者，并不需要从对手那边套招。也不需用强记的方式，套一定的公式。而就在那个不可以预期的过程中，你认识了你的舞伴。就像人生一样，时慢，时快。

但是如果下次有一匹马儿的获胜就像星期天到来的那般

确定

我还能怎么做呢?

我一定还是会赌上一切

不参加舞会,谁会请你跳舞?

其实,这句话讲的是人生,不是舞会。

2010年冬天我闲着无聊,便报名参加纽约版的维也纳歌剧舞会。自1877年以来,每年一度的华尔兹舞会在维也纳歌剧厅举行,已是欧洲社交界与政界的一大盛事。为了无缘飞跃大西洋的华尔兹迷,纽约每年二月也举行由奥地利外交使节主持的维也纳歌剧舞会。

我够胆大!一个人也不认识,我也不期待会遇到什么人。

要跳华尔兹,舞裙应该离地至少2厘米,而且裙尾要向外用支架撑开,否则很难移动。

因为我压根儿都没有想到会下舞池,穿了无肩带粉红滚巧克力浪纹的晚礼服,我的裙摆"吻着地板"(Kiss the floor),我的高跟鞋后有15厘米的鞋跟,前有5厘米的平台,准备当"壁花"。

没有想到的是,大会筹办人居然把我放在头桌,成为当晚主持人的指定舞伴。我的舞伴是奥地利国宝,艺名为"魔幻克里斯坦"的名魔术师。

当晚他不仅带着我开舞,还在40米长的舞池转了一个多钟头。即便我还记得以前学的国标华尔兹,也参加过比赛,但是全场下来我其实不是自己跳的,基本上是魔术师提溜着我满场跑。

毕竟是华尔兹舞原产地来的,我想。

那次，我第一次上了《纽约时报》当家时尚摄影师康宁汉的专栏。以后每次我还为一次舞会犹豫不决的时候，我就找出那件无肩带粉红滚巧克力浪纹的晚礼服。

顿时，我就变成魔术师斗篷里的白鸽子，振振欲飞。

不把男友当烦恼

一位以情诗闻名的诗人，一生有很多女粉丝，他的老婆故意不学开车，不拿驾照，逼着他每天下班的时候都得亲自接送她。为了怕丈夫出轨，耍点小手段，这是上一辈的算计。为了束缚另一个人，献上了自己的捆绑。

为了上大学，我从南部北漂到台北。六个女生分住台大第一女生宿舍的一间房，算不上独立吧。我们有宵禁，没有门铃。如果有一个男生想要会见其中一位女生，必须等在门口，请正好回宿舍的女同学带口信。我们合用一个邮箱，所以谁收到几封情书都清楚。11点大灯熄了后，只能到自修室或餐厅看书，谁夜宿不归也清楚。

大四时，为了写作，我搬到了距离台大两个公交车站的景美区，独立的顶楼可以从三面的窗户看着夕辉搂着茂盛的屋顶花园，我用着针笔在青绿的格子纸上，写着自以为是的哲理寓言和新诗。我可以不在乎哪名室友跟男友分手了，那名室友考上空姐。

大学后出国，我以为把三姑六婆九姨妈的"苦口婆心"都甩下了。

三姑说："干吗做个女强人？"（翻译：女强人＝男人婆＝没人要）

六婆说："女生出国浪费钱！"（翻译：多念书＝啃老）

九姨妈："独立的女人都是悲剧！"（翻译：独立＝独身）

但是，许多年后才发现，这些我想要逃离的三姑六婆九姨妈，有时已还魂为年轻的学妹！

我从来没有想过特意当一个独立的女人，对我而言，独立只是手段，不是目的。我也曾经一边追求自己的事业与理想，另一边还幻想一个青蛙王子来拯救我的情感生活。我也曾经读过《约会守则》，研究女性是否该抢着去付账。我也曾经为了爱情，不由自主地把自己变成不忠实自己的人。我也曾经以为迁就可以换来幸福。

但是出国无形逼迫我更为独立。也因为西方的女性在不同的教育环境下，可能已经比较独立。我在耶鲁遇到的女同学和教授，读书、研究、旅行、结婚、生子。我向往她们不用刻意屈从自己，来塑造一个所谓男性心目中的娃娃。

在哥大的时候，我有一位很要好的德国女同学，阿斯特丽德在德国已经念完法律博士，再到哥大念国际法硕士班。她对自己的人生非常有自信。她长得不是特别美，书包里永远装满了乱成一团的书籍、笔记本和杂物，但是她永远相信她对男人的魅力。我们同修智慧产权课，一起去大都会歌剧院看《特里斯坦和伊索尔德》，一起准备德国式的圣诞派对。

阿斯特丽德回到德国后交往了一个男朋友，不期然地怀孕，当时还没有结婚，她的母亲虽然是天主教徒，却鼓励她把孩子生下来，所以她也甘之如饴地做一个单亲妈妈。

我去德国拜访她的时候,我们聊的是如何把我们对艺术的爱好与我们的法律事业结合。阿斯特丽德说德国的体制不支持健全的保姆系统,常常迫使许多哺乳期的女性离职来照顾幼儿。我们也谈男朋友的事,但是不把他们当烦恼。

我习惯性地向有自主性的女性看齐,但是我也从来不觉得她们的人生就是我的人生。

毕竟,没有人可以替我伤心,或快乐。

《城市词典》(Urban Dictionary)是美国一部戏仿解嘲正规字典的众包网络字典,里面搜集的俚语和短词,基本反映了当今大众(或网络迷)对一些流行名词的解释。而它对"独立女性"的定义是:"她为自己的费用埋单,买她自己的东西,不让一个男人影响到她的稳定和自信,她完全经济独立,并以此自豪。"

以这个定义来看,"物质基础自立"和"独立于男人",几乎是美国通俗文化中对女性独立所规划的形式主义。

美国女子流行演唱组合天命真女,为电影《霹雳娇娃》唱的插曲《独立女性》,已经变成当代独立女性的宣言,强调的正是这种"经济独立"和"向男人示威"的意识:

> 我问你:告诉我你对我是怎样看的
> 我自己买钻石,自己买戒指
> 只有孤单时才会打你手机
> 当一切结束,请起身离开
> 我问你:告诉我你对这一切什么感觉

试图控制我？男孩，你滚吧

我会负责自己的娱乐

哦，我付自己的账单

我们的关系是 AA 制

穿在脚上的鞋

是我自己买的

穿在身上的衣服

是我自己买的

我摆弄的钻石

是我自己买的

因为我靠我自己

如果我想要你戴的那款手表

我会自己买

我住的房子

我自己买的

我开的车

也是我自己买的

我靠我自己

（我靠我自己）

……

告诉我，你对此的看法

> 如果我想生存下去，谁才是我需要的
> 我努力工作
> 做出牺牲以得到我所得到的
> 女士们，想要独立自主并不是件容易的事

的确，物质上的自主，给了独立的本钱。但我看过非常穷的人，十分独立；非常富有的人，十分依赖。

或许我习惯经济自主的女性，跟从小母亲就是一个职业妇女有关。在我的印象里，母亲从来没有为生儿育女离开职场一步。所以我的形象里的女性模范，自然都是经济独立。我很少见到父母为理财和金钱的事情争执，父亲也不在乎母亲比他赚得多。

但是母亲照常得做家务，照常应付男同事的欺负。或许她的事业受到体制的圈限而没有完全发挥她的潜能，但是在经济上她始终很讨厌对丈夫，对子女，对外人的依赖。

而字典里不需要"独立男性"的定义，却需要"独立女性"的定义。

对我而言，真正发自内心的独立，无须宣言。不需要拿着扩声器，对人喊话。独立的女性既不用向异性示威，也不用向同性炫耀。

但是我承认，社会的制约，使女性要达到经济自主，需要付出更多的代价和牺牲。双重标准，使女性要在职场被人当回事儿，需要更多策略上的经营。

比方说传统上男人把自己的生活划分清楚，他们不会让私生活影响其工作。从小的教育训练男孩把事业与感情分化，他们的心理状态可以划分成互不干扰的空间。在传统生长环境中的女性，容易把感情、

生活与事业完全熔化一块，很难在情绪上不受干扰。

因此，物质上的独立容易，但精神上的独立，心灵上的独立，难！

或许我们永远没有办法打败女性荷尔蒙的定律，但是我们可以少黏糊。多给自己一些空间，也就是给别人一些空间。女性的独立，如果仅仅定义在"不依赖男人"，这岂不可悲？

但求自己能够寻找快乐，不要把自己的幸福寄生在别人的快乐上。我不用有人成天把我捧在手上，才觉得自己伟大。但是我也同样不期望男性或其他人依赖我才能快乐。

无关男女，我们的生命有很多体现独立精神的层次。在我创业的时候，刚起步时不吸收资金，也就是为了保持自己的独立，因为投资者但凡只要给一点点钱，就要绑架有创业者的梦想。

创业不就是想把自己从大企业的大机器里面解放出来？没有大招牌在背后支撑，开始一定很难。但是我愿意为自己冒一次险。我愿意率性一次。

创业者不免想自己做主，但是明白世界上只有相对的自由，没有绝对的自由。对我个人来讲，某种程度的生活自由很重要。尽管有时候必须用一种自由去换另外一种枷锁。

而亲爱的三姑六婆九姨妈，谢谢你们的疼爱和泄气。我还想继续成长，我不需要您的同意。其实很多你们害怕的"男人婆"，她们的婚姻非常幸福。因为她们不拘泥男女性别差异的个性，反而缩短了金星跟火星间的差距。

如果我拿着一件沉重的行李，我一定毫不犹豫地让力气大的男性来帮我提。

我不识路的时候,我会毫不犹豫地问路。

如果有潇洒的男性请我吃晚饭,我会欣然让他付账。

如果男性为我挡电梯的门,我会欣赏他的礼貌。

如果有女朋友想离职创业,我会说,不怕苦的话,就让我们彼此打气,实现梦想吧!

毕竟,不是世界变丑了,而是我变美了。

何需永远A+

我宣布离婚以后,突然知道了很多朋友的秘密。仿佛我突然"不完美"的人生,总算给他们理由分享他们生命中的缺陷:儿子的精神分裂,丈夫的不忠,朋友的背叛,生意的失败。

从前,我光滑的人生表面形成了他们表达自己的障碍。现在,我的遗憾给予了彼此拥抱残缺的自由。

不是说人生就是半杯水,有人看到的是半杯满,有人看到的是半杯空?可为什么女人都偏偏被那半杯空气呛坏了呢?

"成绩拿第一,为什么还拿不到最受欢迎学生奖?"

"硕士拿到了,但还没有对象。"

"找到对象了,还不赶快结婚。"

"对象要是中国人就好了。"

"读书还行,就是不会做菜。"

"脸蛋还行,就是双眼皮不够深。"

"要有个孩子就更好了。"

"生了个男孩,再有个女孩就完美了。"

"有了车,再买个房子就行了。"

"这件衣服真好,照相起来脸再显瘦点,就更好了。"

"丈夫这么有钱,婆婆不要那么难缠就好了。"

"结婚典礼上,不戴上白纱,怎么叫完美?"

"自己这么有成就,孩子跟你一样会念书就好了。"

每个女人,总是有可以完善的空间。仿佛,作为女人的主要生存条件,就是不断地要自我改造。当女生读《约会规则》时,男生在打球、按摩、看电视、吃炸薯条。

两性关系的书,都是写给女性去看的。

而女人就是注定得适应那些彼此冲突的要求。可是:

如果已经是学霸,怎么期待你是朋友间最受欢迎的同学?

如果你忙着为自己的事业打拼,怎么每天带儿子练习足球?

"念这么多书,怎么嫁得出去?"

我从纽黑文打电话回高雄,跟母亲洋洋宣布拿到法学院入学许可的时候,这是她对我说的第一句话。母亲是一个很成功的职业妇女,但是这句话却让我觉得好像回到了19世纪珍奥斯丁的世界。

我还是去念法学院了,拿了半额奖学金,还是得跟父母借钱,心理压力特别大。我以为我是用自己的方式追求幸福。

或是完美。我后来嫁了老公,耶鲁博士。

每一次在健身房的女更衣室,总可以听到其他女性埋怨,"她怎么了……""她又怎么了?"

这个"她",可以是同事、上司、室友。更多的时候,是婆婆。

我常常想，即使离婚之后，我的贴心德国婆婆从来没有变成我的"前婆婆"。她永远记得我的生日礼物、圣诞节礼物，而我旅行的时候，总要为她带个伴手礼。2013年4月我得了杰出亚裔创业奖，当时母亲在台湾。婆婆正好到纽约，我临时请她陪我去领奖。我们好像心有灵犀，她那次到纽约来，衣箱轻便，却带了一件套装，是用我以前送她的紫罗兰带粉色的中国丝绸剪裁成的。

但是，我有了一辈子的好婆婆，却没有经得起一辈子的好婚姻。

如果只能让我选一个，我会选择哪一个呢？

这是一个假的选择题，人生大多时候没得选择。

人有悲欢离合／月有阴晴圆缺／此事古难全／但愿人长久／千里共婵娟

世界上没有因为难全而生的悔恨，因为即使人能长久，也只能千里婵娟，而不能朝朝暮暮。

我那个时候只知道，离开学院以后，每天面对着生活直截了当的要求，没有工夫整天捧着自己的青春呻吟。

其实回想起来，法学院真正教会我的，不是华尔街的叱咤风云，而是容忍自己的不完美，我不必永远都是A+。哥大同届里面有100多名同学攻读法学博士，我们5个人组成了读书小组，一起准备考试，彼此打气。小组长大卫是个40多岁的退役军人，他的第三个老婆是韩国人，他比我们都成熟、专心和自律，每天早上5点钟起床，把所有的法律条规与前例都仔细分析做成笔记。他永远坐在第一排，我永远跟他借笔记。

我在耶鲁研究所已经习惯了天马行空的独立研究，和专著论文的书写方式。到了法学院，反而要回返统一考卷问答的方式。我不是"全A"的金刚学生，我没有时间交男朋友，我没有绿卡，我怕找不到工作。但是这样莽撞地我也过来了，我能够接受自己不是一个完美的女神。几年后没想到最不被看好的我，却是小组里唯一当上纽约大律师楼的合伙人。

中古高丽陶瓷工匠技艺的不完美，却启发了日本禅学茶道陶器，造就了不对称、不完美的侘寂美学。

但是我不是职业出家人，没办法只靠追求缺陷过日子。

就像我爱狗，却没有能力养狗，但是我可以比爱狗更爱人。

缺陷不是目的，而是事件的必然常态。更是我们纵观人生过程层面以后，一种释然。

所以，每当我出门，穿了一件漂亮的衣裳，戴了精致的耳环，我就会摘下项链，因为我已经不需要严厉的全副武装。不完美的模样，真的很幸福。

少问：值不值得

在丽江的头一天晚上，快打烊了，我才走进一家古城区里的酸菜鱼店。在等着上菜的时候，旁桌来了一家人，北京口音：一个奶奶，一对年轻夫妇，一个小男娃儿。

"为什么我们平常花几万块买名牌包儿都不讲价，到这里反而为了十块钱的东西讨价还价？"

这位奶奶的疑问真说到我心坎儿。我望着 30 分钟前用 20 元和五分钟才拿下的三个牛皮夹，真不知道什么时候才会用上它们。

不讨价还价，好像对不起自己。特别是旅游的时候，有时即便已经买到喜爱的东西，走出店门，突然很气自己，因为忘了杀价！

"中国人特别爱杀价！"从香奈儿的高级珠宝到曼哈顿的楼盘，中国人从来不把定价当回事儿！

我的德国朋友即使到了美国也不习惯讲价，因为在德国连商家打折的时间和程度，都需要依照政府制定的政策。后来他们发觉跟我在一块儿的时候很有甜头，很喜欢拉我陪他们去买东西。

中国人为什么这么喜欢杀价呢？是因为我们对原价的不信任？还是对于品质的不信任？还是，就是要讨尽天下的便宜？

我们死命地杀价，究竟是为了占别人的便宜，还是怕被别人占便宜？

我在美国，也曾经"发扬国粹"。

法学院毕业后，为了到西岸探险，我在洛杉矶找到了工作。刚考完加州驾照，我买了这辈子的第一辆车。当时，奔驰的款式就是我心目中的高大上。

律师楼的一个秘书的爱人是任职奔驰修车厂的修车员，所以他根据入厂保修频率，对各种型号的性能了解很深，他跟我说C系列的是奔驰的入门型号，但是性价比很高，三万多块的定价，看起来还是很气派，售后服务都是VIP待遇。

三万多块对一名起步律师不是个小数字！但是我铁了心，想我的奔驰。

根据我做的研究，每一年车业在10月换季，一旦新车上架，去年出厂而没卖出的新车眨眼就老了一岁，所以到了这个节骨眼厂商特别有打折的动力。

我算准了10月31日的晚上是万圣节，美国人都出去狂欢了，下班后我开了一辆租来的小不伶仃的庞蒂亚客经济型车。一个多钟头后，总算到了安娜翰一家南加州最大的经销商，到达的时候已经晚上8点多了，店里果然一个买家都没有。

为什么不就近在洛杉矶的经销商那儿买？我听说每个经销商在月底都得向车商汇报销售记录。每月业绩越大的经销商，在下个月就能优先配量进越好的型号。我冲着这家"南加州最大奔驰经销商",指望店主为了拼业绩,会不惜血本和我做桩买卖,而10月31日正是个月底结算的好日子!

一周前我已经到这家店相中了一辆全新的黑色C230奔驰。黑色的真皮,利落的线条。这些天,我只要一闭上眼睛,便可以想见我的Jimmy Choo黑漆皮高跟鞋踩着油门,在比弗利山庄的棕榈大道上扬长而去!我当然也去过别家车行"货比三家",从每家都套出点新的选车和养车知识。所以当我一进门,售车员已经领略过我的"尽职调查"!

在接下来的一个多钟头,我可是把其他店的不同价位数说了一遍,对C230的性能更是头头是道,显示我已经做过功课。而我可没回家换上牛仔裤,我的律师工作服让他觉得这一门生意可以招来更多的商机。

我知道我要的是"要命价",基本是要他把车当旧车卖。为了这个价钱,我决定以极低息租车的方式,而不用分期付款。照我算了算,如果车价极低,即使用租赁的形式来付月租,还是划算!重要的是,他可以当场拿下售车与租约两个业绩。

这名售车员不时得跑到楼上跟他的老板商量,总算把价钱讲到了二万块。虽然我心里乐昏了,我又吵着他送我一个CD播放器。到了10点多钟,我正准备离开那家店之前,他的老板从楼上冲下来,握着我的手说:

"我要雇用你当我的售车员!"

结果当晚我就开着我的C230奔驰,扬长而去。

我常想,莫非,讲价的过程是我们印证价值的方式?

我们的生命里有多少问题是：值得吗？

买房子，值得吗？

到美国留学，值得吗？

爱上他，值得吗？

为人作嫁，值得吗？

去法国旅行，值得吗？

养孩子，值得吗？

念MBA，值得吗？

讨价还价，值得吗？

但凡有价格的东西，不论贵贱，都有议价的空间。讨价还价值不值，就看做功课。

其实，杀价并不是漫天喊价。而是合理的分析对手与己方的相对优劣势。讲价，如果是经过理性与数据分析，值得！如果能够把这个讨价还价的习惯，运用到生命中跟职场上，能够成为谈判的一种计策，多好！如果在事业上和在商场上，遇到对价码不同的看法，能够心平气和地讨论，争取扭转局势，而不是把歧见认为是对个人的顶撞。

美国国父本杰明·富兰克林的日记充分体现了新教徒的"记账"精神。他的日记列表十三美德，每天仔细地登记了实践的项目，这些都可用数据积分来算数。积德，就是记在天堂的账。

马克斯·韦伯在《新教伦理与资本主义精神》把法兰克林的"会计"精神，比为新教伦理的典型，认为这种"算计"与资本主义的兴起有直接的关系。虽然这个观点在学界颇多争议，但是在这个世界观里，万事（连道德）都可以量化来盘算。

其实，我们的人生经历，很少能够精准地告诉我们，到底什么是值得，或不值得。

我不知道富兰克林的美德日记是否终就给他的人生"加分"。但我相信他不认为美德容许折扣。

或许，我们都像伯格曼电影《第七封印》里的骑士，只能跟上帝下棋，却无权讨价还价。

把缺陷转为动力

英文里 a chip on the shoulder 指的每一个成功的人,都有一个在肩膀上的木屑,就是所谓的心理疙瘩。它可以不断督促人,成为成功的动力;但是即使得到成功,这个缺陷却依然停留在肩膀上。

这个词儿起源于 19 世纪的美国,多数家庭都要砍木为薪,很多地方都有木屑,好勇斗狠的少年想找人打架,会在自己肩上放一块木屑,问人家敢不敢拨下来?一旦拨下,就有架打了,所以这个成语描述一个准备吵嘴打架的状态,原先是指心里憋屈,一找机会就爆发的人。他觉得自己受人委屈,或许出于自卑,或许预期麻烦,所以总是处于备战状态。

美国"家政女王"玛莎·斯图沃特,素以"完美持家"著称。由替人承办酒席起家,接着出书,上电视,变成国民烹饪、园艺和室内装饰的精准导师。1976 年她创立了玛莎·斯图沃特全方位品位生活媒体集团,1999 年公司上市,成为亿万富翁。但是,即便她已经在美国东岸各城拥有豪宅,她在业界有"心狠手辣"之称,也有完美到让人无法忍受的形象。许多传记作者，都把她的冲劲归之于辛苦的童年：她来自新泽西的波兰裔家庭，在六个孩子中排行第二，当时八口人挤在一间只有三间卧室的公寓里。

在美国，玛莎·斯图尔特这个品牌垄断了所有中产阶级的品位：厨房里要用"玛莎"厨具，做饭得用玛莎食谱，睡觉时得躺在玛莎床单上，起居室得挂玛莎窗帘，摆玛莎牌木质咖啡桌，上面搁着玛莎生活杂志，而电视正在播放《玛莎·斯图尔特的生活》。而玛莎本人也被塑造为美国人心目中典型的女性偶像——事业与家务兼修。我在当律师的时候，就读了好几本关于她的书。

斯图尔特讲述了她第一次参加除夕晚会，像灰姑娘一样站在柜子前哭泣，因为她所有的衣服都是自己手工缝制的，她也没有适当的首饰。"成长的岁月里，我并不是一个幸运儿，没有享受每顿饭都在带有餐巾环的织花台布上的福气。我结婚的时候也没有福气得到一张几代相传的桌子，或者床上用品作为嫁妆。"

而苹果电脑的创始者史蒂夫·乔布斯，以极度专注和理想追求最完美的各级产品，想"在宇宙留下一个凹痕"。永无止境的自我鞭策里，他用轻蔑、武断和跋扈实现他伤痕累累的自我。

根据乔布斯传记，他的亲生父亲是叙利亚穆斯林移民，母亲未婚怀孕，由于家庭反对，她偷偷产下乔布斯后，送给人收养。这个被亲生父母"遗弃"的阴影，还有他的第一个领养家庭反悔，都让他觉得："我生得不好"。他至死都拒绝与生父相认。

史蒂夫·乔布斯被领养的经验，埋下他心理"劣质"的感觉，一生伴随的不安全感，以及他独特的疏离式的天才。乔布斯让我们义无反顾地爱我们的iPod、iPhone、iPad、iMac,在苹果专卖店前冒着寒冬排队等待,追求一代又一代更新的技术与设计。仿佛借着创造每个人都渴望的完美产品,来补偿养子经历带来的"无用作废"感。

那么,我的木屑又是什么?当我离开法律界,创办自己的企业,就首先考虑自己的"心理架构",想想我肩膀上的缺陷是什么?我如何把它转为成功的动力?

我的弱点是什么? 我觉得是过度夸张的责任感。这个总想把责任拽在身上,甚至到行动困难的毛病,又跟一个心理的状态有关,或许是我觉得自己不够好,必须时时刻刻证明自己,时时刻刻负责。

我当律师的那些日子,让我意识到自己的心结:永远要比人更努力,永远急于证明自己。而我以为责任便可以带来救赎的光环。

成长的过程中,我总觉得有被父亲忽视的情结,这个心里的疙瘩挥之不去,我企图用努力来弥补童年的缺陷,仿佛我的每一个小动作都在嘶喊着:"爸爸,看我!"

刚到美国的时候,就读到当时美国波士顿爱乐乐团指挥小泽征尔的名言:作为一个外国人,如果你只是优秀,别人不会来找你;只有你变成最优秀的时候,他们才会来找你。

所以,当一名外国人,除了最好,别无选择。

我在华尔街起步的时候,刚到律师楼上班的第三个星期五下午,便接到一个合伙人的电话。我以为他会派给我一个全新的任务。当我走近他的办公室,他已经和另外两名年轻的律师等着我。

我拿着笔记本,听着合伙人简略介绍项目的结构,然后叫年轻的律师大卫,把他还没有完成的部分跟我解释一下,好让我接手。然后他们就这样拜拜，先后从我的眼角消失。

那个周末我一个人在办公室，挑灯苦战。我像打了鸡血一样，特别兴奋，我想他们找我，想必是自己能力强，又靠谱又聪明。而我即将参与一个有趣的项目！

周末过后，我带着起草好的文件，打算跟合伙人讨论。没想到，大卫精神抖擞地迈入律师楼，一把我的成果拿到手，便挥手叫我回自己的办公室！

接下来的星期五下午，我又接到另一个合伙人的电话。我又像打鸡血般地工作了一个周末。周一时，那个"周末临时项目"，又准时从我的眼前消失。

我从来没有见到客户，也从来没有听到合伙人的赞词。但是，或许是我急于证明自己，或许是我想起了小泽征尔的名言，我从来没想过，作为一名基督徒，我的安息日是星期天！我只顾着幻想着这些周末额外的锻炼，可以把我磨炼成一名伟大的律师！

就凭着这个伟大的阿Q精神，我傻乎乎地当了一年多的"替死鬼"，原很得意地以为自己是"最佳小律师"，后来才意识到我充其量也不过是"最佳受气包"！

当我有了这样的"觉悟"却无法吭声时，要先怪"罪"谁呢？当然第一个就是我的父母！他们灌输给我"极度夸张的责任感"。从小到大，每当我被人欺负或朋友背叛的时候，母亲总会给我一个安慰奖："至少是人负你，不是你负人。"

有时，我甚至想，这个"夸张的责任感"除了来自家教，是否也是"国教"？

考完律师执照之后,我到德国中部,陶伯河上游的小镇罗腾堡进修德文。这个小镇距离慕尼黑一个多钟头车程,充满了中古世纪的古堡。有一次我的德文老师主持了一个厨艺派对,让我们借着做德国菜联谊,顺便学德语。我们班里有十名同学,大部分是意大利人和西班牙人,还有两个日本人,一个韩国人,就我一个中国人。

当我们在厨房里磨蹭了三个钟头,总算完成了巴伐利亚的经典菜Schweinshaxe(烤猪圆蹄)、Knödel(土豆泥丸)和Sauerkraut(德国酸白菜)后,同学们就着Spaten啤酒狼吞虎咽。不一会儿,意大利同学和西班牙同学一个一个都溜了,只剩下日本人、韩国人,还有我一个中国人,留下来洗碗。我的德文老师叹了口气说:"只有亚洲人留下来洗碗!"

后来我到另外一家事务所工作。星期五已经不用定期替其他同事代班了,但是每次在美国国定假日之前,还是会接到一些奇怪的电话。有一次美国国庆日前,我还想很难得,多年来首度可以看一次美国国庆烟火。没想到在国庆日当天就接到一通电话,原来有个投行董事总经理刚来电,有一个新的项目,需要写一个意向书。

知情的朋友说:"你干吗那么傻,还接电话,就是因为你的美国同事放假时不接!"

后来发觉我每一个美国国殇日、美国国庆、美国劳动节、美国总统节,都在办公室里为"紧急任务"卖命,而我的同事们却有时间跟家庭团聚。我在律师行业的13年之间,没有庆祝过一次中国旧历年。我终于明白,我的"靠谱"变成我的致命伤。而这些额外的付出,并没有为我带来额外的话语权。

无论是在法律界，或是在媒体界，我总觉得，作为一个埋头苦干的中国人，最大的危机是"能见度"太低，我们的努力和责任感，往往被诠释为懦弱或缺乏自信。

这种被冤枉的情结，迫使我们随时进入备战的状况，这个在肩膀上的木屑，可以是动力，也可以是阻力。但它也给我的媒体事业一种使命，就是提高中国人和文化的"能见度"。

肩膀上的木屑，不要成为别人挑衅的借口，而是成为自我挑战的能量。

做"老灵魂"的人

六年前我搬进这座 19 世纪中叶的建筑物,位于曼哈顿的翠贝卡区,有 166 年历史的典型 Loft。我看中的便是它原汁原味的开敞式空间。

这个像小篮球场的 Loft,让我领略到,人生的矛盾:

小家具在大房间里显得空喇喇;大家具在小房间里显得局促促。

这表示,许多以前用的家具,到了这个地方,不管用。

我的客厅有 14.6 米长,9.8 米宽,一面 4 米高的墙,尽是暴露的原始红砖。在墙上挂满了我收藏的当代艺术作品,艺术家的国籍从德国、美国、日本、英国、到中国,反映了我"艺术无国界"的视野。

我始终认为,当代的艺术作品对称中国古典家具简洁的线条,特别有现代感。早在 20 世纪 90 年代,佳士得国际拍卖行采用我的建议,在推广中国古董家具的时候,配上西方现代名家如毕加索和马蒂斯的作品,有一种别出心裁的搭配,借以显示中国古典家具的多样性与当代性。

我爱好发掘与栽培年轻艺术家,但是我还是个有"老灵魂"的人,我喜欢古董手泽背后的故事。

我回北京,跟着中央美院的杨靖老师,收了一些中国古董家具。但是中国古典家具里面,基本没有长饭桌,而我喜欢请客吃饭。正式的晚宴,需要有规模的餐桌。在我客厅的开放式空间,属于餐厅的部分约7米长,4.63米宽,要能够镇得住这样大空间的餐桌很难找,即使是西式的长桌子,通常也需要订制。

我那个时候逛了不少古董店,总算在一家复兴古董店,看到了一张可以伸展的胡桃木饭桌。这张20世纪50年代的饭桌非常特殊,六块桌面完全延展后,有376厘米长,102厘米宽,76厘米高。壮观的桌面,只靠着六根4厘米×4厘米的马蹄腿支撑。

我向来不喜欢标榜着"中国风"的家具,因为那是"骗外国人的"假中国风格。但是,这张古董桌子完全继承了明代家具的俐落优雅,还可以与我的中国古典家具在风格上起共鸣。两个不同文化的古董,却有风格上的交集,我的兴奋不可言喻。

美国20世纪50年代跟20世纪60年代的家具,在过去20年中,价钱翻了好几倍,收藏家开始重视到这个时期的作品,因为这个时期的"中世纪现代"风,代表了美国在第二次世界大战后的"前进"范儿。

这张桌子,出自美国"中世纪现代风"名家沃姆利的手笔。爱德沃姆利出生在芝加哥,家境寒微,却脱颖而出,成为20世纪最重要的家具设计师之一。他在1931年起便与家具厂商邓巴合作,创造了持续40年的家具传奇,许多作品成为现代主义的图标,美国家庭和办公室的经典家具。

作为邓巴的设计总监,沃姆利的设计以现代的方式融合古典元素,同时保持高度工艺细节和材料的质量,制作过程复杂。纽约现代美术馆 MoMA 自 20 世纪 50 年开始的"卓越设计"展览,使沃姆利一跃进入历史史册,与查尔斯与蕾·伊默斯夫妇和乔治·纳尔逊等设计大鳄并列,为世界名收藏家珍藏。

对我来说,最有趣的是沃姆利的其他经典风格全不带中国风。这件作品,极可能是他唯一具有中国风的设计。而且,美国在 20 世纪 50 年代,并不时兴中国风。

然而我万万没有想到,买了这张桌子,我的麻烦才刚刚开始!

由于其独特的结构与支点,我很担心餐桌的稳定性,特别是围坐一桌子人的时候,酒足饭后的客人把胳膊撑在桌面上,我真怕它会从中间崩塌。我咨询复兴古董家具店的老板,她派了一个当初帮她修复这个古董桌的专家来帮我这张餐桌"定位"。

当汤米把我的桌子"定位"之后,桌子也不晃了。他跟我说:"你的桌子很少见,中国风不是沃姆利的经典设计,而且特别长。"

"桌子的确是很漂亮,也够大,但是给我带来烦恼一堆,因为我找不到可以配对的椅子!"

在此之前,我估计需要 12 把到 14 把椅子,已经走访了很多古董商和家居店,想要找到风格可以匹配的椅子。我看过了瑞典、丹麦、美国设计师的作品,也研究了许多美国中世纪现代风的家具,多半都是圆柱形的骨架,在颜色与形状上很不搭调。况且一套椅子最多 6 只或 8 只,我上哪儿去找 12 件一模一样的椅子?

有中国朋友建议我用不同款式的中国古董椅子来凑对;有人建议我找家具商重新设计订制。

我现在有一张气派雅致的餐桌，但是却找不到座位。我还是没有办法请客。

听了我的苦水后，汤米突然说，"我看过跟这种桌子'原配'的椅子，我可以试着帮你到其他的古董商那里收收看。"原来汤米的主业是古董家具经纪，他有自己的店铺，因为从小看着他父亲制作家具，他自己学会了古董家具修复，偶尔帮忙同业整理旧家具复原。

过了一个月，汤米突然打电话说，他可以帮我找到12张椅子，10把没有把手，2把有把手（可放在桌子两端）。我觉得自己运气也够好了，如果我的桌子不需要固定的话，我就没有机会遇到汤米这样的专家！

汤米传给我他不知哪儿弄来的邓巴在20世纪50年代的设计目录影本，显示这套餐桌与椅子的原始配对的图像。这些椅子是从官帽椅改版，但个儿较矮。汤米说目前古董家具市场，根本找不到像这样的餐桌与餐椅配套。

我的劲儿可来了！这张餐桌面板的里层，钉着一个邓巴金属板和标明原始单号的订单收据，再加上这个绝版的20世纪50年代目录（我后来跟邓巴公司联系，它的档案里也找不到），我简直是现代派家具神探！买老东西的曲折就是不像买新家具般的无聊！

汤米找来的这12把椅子，来自好几家古董店，它们的漆色与坐垫都不一致。幸好汤米是这方面的专家，我们便展开了长达五个月的修复工程。汤米为此跑到我家不下十次，从看样椅、选漆色、选椅垫厚度和布料，一样都不少！

我当时决定我的椅子，要重新刷上与桌面配对的核桃棕和黑边，而椅垫用蛋白色，让简朴的颜色来称出椅背的颜色，椅垫的面料是带细纹路的纯棉，但是看起来像丝。从当初邓巴的图录里，可以看出他们用的是带有中国圆形字图案的丝绸。我却考虑到，客厅的背景是现代艺术，如果使用抢眼的中国丝绸，便会跟绘画竞争。并且我要整体地效果表达东方的情调，但是也不沉溺于东方的地气。这也是我一直坚持的美学：不中不西，亦中亦西。

好不容易，在夏天来前，汤米送来了12把椅子。我才又想到，浅色的椅垫不耐脏，又请汤米找裁缝用同款的布料做成可拆卸的护套。

当我的餐桌配套达到完美的时候，我的"刘氏家宴"就正式开张了！我也开始注意到客人吃饭的时候，谁最邋遢，谁最会吃得满桌都是。

尽管我有很多美丽的法国全棉桌布，中国带来的客家花布，还有日本的蓝白印染，却舍不得让它们遮住了我美丽的桌子。我用红色的漆盘，搭上蓝白的日本手绘瓷器，对应这餐桌与餐椅的骨架。但是上菜的时候我总担心热气会糟蹋了我的"裸桌"。

我如果是六朝人，就会写一首咏物诗；我如果是宋朝人，就会写一首咏物词。歌咏我壮观的餐桌椅。

借着让失散的沃姆利餐桌与12把椅子重逢，我找到了使我穿越时空的镜子。

2015年年初，时尚艺术家埃可·乌德以我为主题，在他的《时尚指数》中做了15个造型特写。在附文的访谈中，他问我，如果你在家里宴会，从古到今，你的理想客人是谁？我的回答是：前VOGUE杂志主编戴安娜弗里兰（因为她的机智敏锐）；诗人里尔克（因为他的来自圣经般的诗意）；小说家卡夫卡（因为他独特的荒诞感）；英国名演员雷夫·范恩斯（因为他荧幕上的脆弱）；肯尼迪总统（因为他演说风格与魅力）；德国名女星黛安·克鲁格（因为她无可挑剔的惊喜感）。

但是，我的梦想餐桌，并没有带来我的梦想客人，或是梦想生活。在日常的餐点时，我舍不得用它。老房子的门窗隔离不好，每隔一个礼拜，就得用特制的柠檬油清理桌椅上的尘埃。

或许，我的咏物诗本来就是个虚。或许，这个招惹尘埃的"无一物"，就是《楞严经》所说的：

一切众生，从无始来，迷己为物，失于本心，为物所转，故于是中，观大观小。若能转物，则同如来。

极简，却扎实

如果在天堂，我只能拥有一种食物，那我会选择法棍面包。

即使在人间，我已经操劳了一辈子，我也还会在天堂烘焙房的蒸汽烤箱旁边，等着一根根金黄色的长棍子出炉。

一根法棍面包的寿命只有6个小时，但是那对我而言，已经是永恒。

上小学的时候，高雄刚开了一家法式面包店，由一位到巴黎学过烘焙的台湾师傅制作。每天晚上爸爸从报社下班的时候，总会带回一根法棍面包。它跟当时台湾流行的菠萝面包、吐司面包和肉松起司面包的香甜松软多么不同，坚硬不屈服的壳儿，干燥乏味的内部组织！我勉强啃了几天，便宣告放弃这个像是实验室出来的面包。真正爱上法棍的嚼劲儿，要等到多年以后。

在耶鲁的第一个夏天，我住在巴黎。刚到巴黎的时候，在空气中可以闻出悠悠的、漫漫的面包香。快到早点、午餐和晚餐的时间，都可以看到巴黎人，腋下夹着一支法棍儿那个热乎劲儿，有时在路上就边走边啃，或是用手指掰下一块来吃。

美国人没有面包文化，所以多年来，我的法国之旅，也就是寻找法棍之旅。我也明白，小时候吃的法棍儿已经上架过久。

金黄清脆的外壳，蓬松柔软的白肉，大约65厘米的长度，约5至6厘米的周长，重约250克——法棍象征着我心目中的终极美食：极简的原料，但极难的讲究。

法国面包的迷人，就是因为它极简主义的麦香，没有花哨，但是却靠扎实的工夫换取稍具韧性的口感。配方很简单，只用面粉、水、盐和酵母四种基本原料，不加糖，不加乳粉，不加油。

在初往巴黎的飞机上，有一个满头金发的瑞士人，主动找我交谈。到了巴黎一个星期后，这个叫雷诺的男孩儿便从日内瓦搭火车到巴黎来看我。每天早上他出现在我的公寓门口，手中提溜着一根长长的法棍面包，我们咔嚓咔嚓地嚼着刚出炉的面包，看着碎屑掉进胖胖的咖啡碗里。

可是我始终没有接受雷诺的感情，因为我的心在美国男友麦克身上。麦克是我耶鲁的同学，那个暑假他在日本游学，并学习剑道。麦克的世界属于三岛由纪夫的《金阁寺》，完全不能够体会我对欧洲文化的向往。

我漫游在巴黎的街头上，一方面看着优雅的法国女人，嘴唇上涂着玫红色的口红，从第六区的圣日耳曼大道走过；另一方面却觉得没有麦克的日子真没法过。好不容易说服麦克到巴黎来玩，却又发现我们共进早餐的时候，我想说法语，他想说日语。

法国朋友法兰斯看到我成天失魂落魄，无法全心全意拥抱巴黎的风情,问我:"巴黎这么美?你身边有这么多法国男人,你为什么还不开心?"

"因为麦克在巴黎不是特别快乐,我怎么样才能使他留下来陪我?"

"爱情就像你手里的气球,你越是想套牢它,它就越想要从你的指缝中飘走。"

法兰斯很难想象,我来自一个非常保守的家庭,好像扛着几十代祖宗的贞节牌坊,一起到世界旅行。即使跟一个男人约会一次,就得死心塌地跟他过一辈子。我根本无心去注意我周围的其他男士。不像巴黎的女孩儿一到12岁,她们的母亲就把避孕药塞到她们的背包里。

心碎,是因为执着于不属于自己的东西,因为不知道那其实不属于自己。

许久之后,我问自己:我忠实的究竟是麦克,还是我心里幻想的爱情?那个夏天以后,我再也不会想要抓住不属于我的气球。我宁可抓住一根法棍面包。

每次我到巴黎可以不去好的餐厅,但是我一定会找好的烘焙坊。在纽约可以吃到很棒的法国菜,但是法棍面包确实一直缺席。这个现象我研究了很久,也跟法国朋友探讨,问题是法棍面包的新鲜度必须有广大的流量支撑,在巴黎中午和傍晚,单手拿着薄纸包着的法棍回家的巴黎人,是现实,不是电影中的幻象。

法棍上架几个钟头之后,它的生命就萎缩了。隔夜的法棍能做成法国吐司、烤面包丁、面包布丁等加工美食,但是没有人会干啃一根过期的法棍。所以在纽约如果没有大量的生意流量,法棍面包供需失调,就吃不到真正好吃的法棍,也就更无法带动更多的需求。

每次我一到巴黎,立马花很多时间找理想法棍面包:表皮松脆的外壳,柔软可靠的内心,轻松写意的麦香。从法棍的大理石般的裂痕中,我甚至可以凭面相来鉴定面包的松脆。

每天早晨和傍晚,我像一个典型的巴黎人,提溜着一根法棍回家。在巴黎第六区的布斯集市,小街盈满了花店、熟食店、书店和面包坊,在咖啡馆和酒吧晒太阳的巴黎人,以及假装巴黎人的游客,都分享街上的爵士乐。我经常到那儿的面包店买法棍。此外,看到其他哪家烘焙店门口大排长龙,就不自主地想要进去瞧瞧他家的法棍。

"Une demi baguette"(半根法棍)! 有时嘴馋了,我买半根在路上吃。法国面包店都有专门切法棍的刀儿,买半根的人大有人在,因为没有人会为下一餐囤法棍。巴黎人也爱吃各种法棍制成的三明治,我最爱的是沥水罐头金枪鱼配西红柿、煮蛋薄片、生菜叶。

我曾经在家里实验制作法国的各式糕点:巧克力泡芙、苹果派、舒芙蕾蛋奶酥、焦糖布丁、覆盆子夏洛特蛋糕。但是我从来没打过法棍面包的主意,因为我没有专业的蒸汽烤箱。

专业的法棍面包,得力于20世纪初期由德国引进法国的蒸汽烤箱。在烘焙的头5到10分钟,蒸汽会凝结在冷生面团,留下一层薄饼状的水膜,保持生胚外壳的湿润。这种额外的水分吸收一些烘箱的热度,从而降低了生面团的表面温度,进而减慢脱水过程,防止面筋太快凝结,保持面团弹性的时间,使麦胚继续完成最终的膨胀。

蒸汽还可以帮助烘焙过程中,淀粉开始吸收水分,再慢慢地形成硬壳,最终变得饱和而爆裂和液化,这种淀粉凝胶变成脆且有光泽的外壳，而蒸汽促使焦糖的解散，造成一个光滑松脆的皮酥表面，却不过度焦暗。

法棍面包皮的脆薄，更得力于蒸汽烤箱里硬壳的形成推迟，因为一个薄壳是多孔的，所以当一个新鲜出炉的面包逐渐冷却下来，从内部的蒸汽通过薄壳散出，从而保留其酥脆。

法语里讲度日如年，便说"Long comme un jour sans pain."（漫漫长日就像没有面包的日子）。法国有这样一个令人羡慕的面包文化，有几个原因：法国法律禁止在新鲜出炉的面包里加防腐剂，再加上法棍面包里不含任何油脂，使它的保鲜期更短。这意味着法棍面包从一个烘焙坊里出炉，只有4到8个钟头的寿命，平均出炉6个小时后的法棍不是变得过硬，就是松塌了，其结果是一个短面包周期。面包更换极快，而每个法国人都爱法棍的短命。

两年前，带母亲到巴黎玩，起先她不敢尝试法棍面包，担心啃不动，后来一旦尝到新鲜出炉的法棍，她才知道好的法棍其实不硬。而我才想到，我从来没有机会带父亲到法国，尝尝正宗法国面包的滋味。

一根法棍，抹上少许黄油，再来点布理奶酪，一瓶红酒，哪里不可以野餐？

我所认识的法国人都不在家里做法棍，因为他们可以仰赖巴黎随处可见的烘焙坊。我也不想在纽约费劲地找纯正的法棍面包，何不让一个特色面包文化，留在它的原产地，而不用把它原封不动地带到我的另外一个世界。

当我想念法棍时，我就想起巴黎，想起我从未拥有，也从未失去的情人。

part 6　远方：做一棵带根旅行的树

一片树林分出两条路——

而我选择了人迹更少的一条，

从此决定了我一生的道路。

口音的烦恼

"你是台湾来的?"

"您怎么知道?是我的口音吗?"

"不是,因为你太有礼貌!"

在北京的时候,特别喜欢跟出租车司机聊天,他们原汁原味的京片子,应着收音机里放着的评书,听起来特舒服。有时候兴起了,他们也教我几句土话儿,真是"盖了帽儿了"!

或许这是一种心理补偿作用。小学时,我拿了全校演讲比赛冠军,可是朗诵比赛,就偏偏输给了一个带北京口音的女同学。所以这辈子,我就认定了京腔的好!

在北京,真受不了不卷舌的海派普通话;但是,到上海,听儿化韵也觉得挺别扭。

在所有人类的社会里,口音泄露了外地人的身份,它永远带有偏见的借口。对于社会纯粹主义者而言,口音是仅次于血统的身份证,出身的刺青。

在英国，口音与阶级紧密挂钩，纯正的"女王英语"（Queen's English）是上流社会身份和地位的象征，语法规则、遣词造句、语音语调各方面都十分讲究。电影《窈窕淑女》中，卖花女伊莉莎（奥黛丽·赫本饰）操着逆耳的考克尼（Cockney）口音，为了使她在两个月内焕然变为贵族淑女，中产阶层语言学教授希金斯用密集语音矫正训练，来使她脱胎换骨。

我们习惯用口音判断阶级、背景、身份、教育，甚至智力。它跟外表一样，有先入为主的杀伤力。

我说什么话都有口音：我说普通话，有台湾人的口音；我说闽南话，有外省人的口音；我的英语，有中国人的口音和新英格兰的口音；我说法语，有英语跟德语的口音；我说日语，有中国人的口音。

我掂量着是否以后在北京说话时别太客气。据说，现在不时兴讲话太有礼貌。

2002年，我回台省亲，陪外婆到国宾饭店赴宴，我跟她用极蹩脚的台湾方言交谈，有时还不自觉地混杂着英语，因为台湾方言和英语对我而言，都是非母语。我带她用洗手间的时候，本来很担心她行动不便，会遭到其他客人的反感，没想到一进女洗手间，所有年轻的女孩都围着她，"阿嬷！阿嬷！"亲切地叫着。当年7月，我已离开了那个礼貌的世界，回到美国，阿嬷心脏病突发过世。我很庆幸在她去世前的两个月，能跟她有用我怪腔怪调的台湾方言说话的缘分。

在外国人云集的纽约，听到口音是非常正常的事情。但是口音之间也有贵贱之别，说话带法语口音、意大利语口音的或德语口音的，就好像有种欧风贵族的气质；而说话带中文口音或是其他亚洲、非洲或拉丁美洲语音的，就使人联想起辛苦的移民，没那么高级。

口音不仅是归咎于发音的方式，还有语气声调，表达用词，肢体语言，顿挫。

我想自己不可避免的口音，总是会使保守的美国人，不自主地想起我外国人的身份。因此我对自己的表达能力特别自觉，与人沟通的情况下，我总是很积极地考虑要如何把自己的信息，以最短的时间和最清楚的方式，能够产生对对方有影响的效力。

我常常对年轻的律师说，能够在这行成功，不只是靠对法律的推理，而是要靠对于人际关系的掌握，必须预测对方的弱点与强势。特别是你的成功，便需要倚赖你能够使对方做你需要他做的，而他不情愿做的事情。而且你必须假设对方堆在桌上的事情很多，没有办法全神贯注地专注在你想要他做的事情。

所谓的电梯里的推销术，意思就是说你若是一个推销员，你和你推销的对象共搭电梯的那 15 秒钟，是你向他解释你要所要卖的东西唯一的机会。必须直中要害。

在律师楼的时候，有一名资深的律师曾经对我说，"昨天晚上我遇到一个台湾人，她的口音使我想起你。"

这位前辈大概以为这个类比很温馨，但是我好伤心，为什么他只记得我的口音呢？凭什么有同样口音的人便被一概而论，从而失去了个体特征？

后来我去不掉心里的疙瘩，便查出律师事务所为外国籍律师提供的一项福利：替我们交学费到口音矫正学校上课。这个学校的学生大半是演员。我的老师叫亚历山大。

第一堂课，老师便把我跟香港来的维琴妮亚比较，说我们的口音很像。

亲爱的，有没有搞错？我的母语是普通话，维琴妮亚的母语是广东话，她一句普通话都不会讲！至少我学中古汉语时，老师说广东话与闽南话更接近中古汉语的发音，而普通话和北京方言比较接近现代汉语。

第二堂课，他叫我们在家里自己录音，下节课带到课堂上。

亲爱的，有没有搞错？我痛恨的就是听自己的录音。每次听自己电话答录的留言，总是问，这怎么可能是我的声音？

第三堂课，亚历山大把维琴妮亚和我的口音比为菲律宾同学的口音。

我的师兄同事约翰史特华操着一口浓厚的澳大利亚口音，他说："其实我觉得你的口音挺迷人！你干吗老想被认为是美国人？当一个人以为你在美国出生的时候，他会认为你的英文发音还不是百分之百。但是如果你明摆着就是一个外国人，英语不是你的母语，就凭你的词汇丰富和精准，他肯定会认为你是个天才！"

在上第四堂课的前一个晚上，我梦见亚历山大，在梦里，我正在纠正他的英语发音。后来，我就休学了，并且开始学习爱上自己迷人的口音。

或许，想要消灭的口音，只是一种想要融入社会的本能。

在华尔街，不知道如何说脏话，就像是没有鞭子的驯马师一样，只能在场外兜圈子。从董事总经理到副理，每周工作100多个小时后，所有的脏话都跑出来了，好像是一种集体发泄的仪式，骂完后还可以一块儿喝啤酒。像我们这种东方女孩子不骂脏话，好像连插队都不够格。

我急着想融入这个充满男性气概的团队，便度量着找一个机会练习英文脏话！

"F—K!"好不容易把这个字吐出来的时候，我比失去了童真更难过！我从不敢想象用普通话骂同样的话。

外国人对语言没有掌握，就觉得可以大肆放言。由于没有文化背景的包袱，容易产生不负责任的自由假象，仿佛因为不是自己从小长大，那些脏话没有同样的杀伤力。这就错了。其实在讲母语的人耳里听来还是非常刺耳。原来，讲脏话也不让带腔调的。

在台湾长大的时候，街坊邻居多是从中国各地来的外省人，电视剧也很少配音，所以可以常常听到全国各省的口音，只要是外省的口音就是一种亲切，所以从小我便习惯听各种山东腔、四川腔、湖北腔、安徽腔等。

现在的电视剧时兴配音，所以不标准和标准的口音都被删除了，变成一群假的声音，就像 PS 一样的听觉整容。但是，习惯了这些假腔调，我也受不了言承旭的原声台式普通话，或是钟汉良的港式普通话。

在美国主流电视台的亚裔女记者和主播，说话的声调都特别拖长和厚重，这是因为东方女性自然的声音语调比较高，欠缺权威感，所以语音教练便让她们用不自然的方式发音。她们听起来都一样，好像是一个假想的族群，失去了个体性。

主流媒体崇尚标准化的发音，但是近来总算有人利用口音来树立风格。出生于巴兰基利亚的哥伦比亚演员索菲娅·维加拉，英文超烂，却因为她在《摩登家庭》里的性感炸弹角色，完全诉诸典型的刻板印象，而一炮而红。为了让自己看起来更有拉丁风味，她把原本金色的头发染成深色，操着极强烈的西班牙语系口音。她的口音就变成她的性感标志。

在纽约能够听到福州口音的时候，我就觉得特别亲切。既然那不是属于我的口音，凭什么我还感到亲切呢？

或许，这使我想起父亲讲普通话时浓厚的口音，基本上，卷舌音都不灵，比如，hu-jiu-len（福州人），ji-jia（记者），qi-fan（吃饭）……

口音代表了父亲的生命，分成两截，一截在大陆，一截在台湾。"少小离家老大回，乡音不改鬓毛催。"他于1947年离开闽清，1989年才返乡探亲。

我的口音，也仿佛象征了生命的分截。我不再为我的口音道歉。

寻根

那一棵262岁的樟树,高20米,胸围5米半,伞荫如华盖。像两名卫士,捍守着跟它们同龄的四乐轩,盘旋纠结的根紧握着土地不放。

我父亲生前从来没有提过四乐轩。他离开闽清的时候24岁,后来在台湾待了62年。可是那24年紧握着他不放。

这个童谣里唱的"四乐厝,四乐厝,鸟都飞不过"的大宅,没有我成长的轨迹,居然高挂了我的照片。对那个小村庄来讲,这就等于是好莱坞的星光大道。

这个非常陌生的老房子,跟我有什么关系呢?难道是血缘吗?我从小只觉得我的父亲有非常偏执的教育狂热,本来认为是基于心灵创伤的自我补偿。但是,现在才知道,即使少小离家,那个家族的根源已经烙印在他的灵魂底处。

父亲在2009年过世之后,母亲一直叨念着想要回闽清老家去为父亲还愿。我的母亲是在桃园生长的台湾人,所以对她来讲,闽清并不具有直接血脉的联系,但是她却把闽清的习俗人情融入她的生活里。

我匆匆忙忙地答应母亲陪她旅行。但是直到快要出发前的一个月,我才想到我对于我所要拜访的地方,完全一无所知。在一个星期六的下午,我还在纽约家中,基于好奇心,我开始在互联网,搜索一些关于我家的关键字。

小时候,总听到父亲说"小小闽清县,大大六都洋!"

在网上搜索了一阵之后,发现在闽清有一个刘家的祠堂,我等了几个钟头母亲醒来后,急着打电话回家。但是母亲并不能确定这就是我的老家。后来继续翻查,发现了一个"穆睦—水西林"的博客很仔细地以数十幅照片,传述他寻访全国最大古民居坂中刘式祠堂的震撼:

> 四乐轩位于闽清县坂东镇的坂中村,始建于清乾隆十九年(1754年),是一座占地面积24500平方米、建筑面积19352.4平方米的大型土木结构建筑群落。全厝分为四进,共有大小厅堂42个,住房793间,到目前为止,四乐轩中仍居住着刘氏子孙896人,共计173户居民。

我翻过一张一张的图片,特别是大堂里挂满了乾隆以来的"解元""文魁""贡生""儒学正堂"等等科举仕宦牌匾。在一幅海外游子厅的图片里,看到了一个很像我姐姐的人,后来再看到一个像我弟弟的人,两人都穿着博士袍。

当我看到自己穿着哥大法学院的毕业博士袍照片时,潸然泪下,

四东轩内的博士匾额

262岁的古樟根

四乐轩大门

因为我知道这就是我的老家。

我就是那个"海外游子",也就是"牌匾下的子孙"。

父亲去世前,从来没有提及把我们的博士照放在祖祠里的事。

在耶鲁的时候,母亲第一次来看我,父亲托她当差使,给我带了一本《刘玉轩诗文选》,说是我的一个叔公的著作。小祖宗!我当时满脑子只认得史宾赛、莎士比亚、白居易、苏东坡,那还管得了一个远在福建老家的小祖宗呢?

我从来不觉得我的老家值得任何探索,顶多那就是个属于父亲,不属于我的沧桑往事!或许,我用轻蔑的态度换来了父亲的缄默。

原来这位玉轩叔公,曾经秋考榜首,获明经之选,讲学授徒。科举废后,虽有名士推荐为知县,但是他无意仕进,毅然退归田里,以育才自任,主讲文泉三十年,著诗三千,曾兼任《闽清县志》总纂,闽清县劝学所长等职。所以他不但是个读书人,还是教育的播种者:

保持晚节宁茹苦,勉励前修敢畏难?
第一关怀惟教育,平生不作等闲看。

这些,父亲在世的时候,我完全没兴趣去发现。

四乐轩的建立,原是一个与教育有关的传奇:开基祖之一刘士杰(字贻豪)为兄弟七人中最幼,自幼过继给闽侯大目溪姑母为嗣子,并预先约定要送他读书。兄长士睿(字贻浚),16岁中秀才。当时的习俗是新选秀才必须到亲戚家"拜教"。

贻浚成轿前往大目溪,见七弟贻豪面黄肌瘦,衣着褴褛,在路旁牧牛,兄弟相见抱头大哭,贻浚对贻豪说,"七弟不可远走,待我拜见了姑母,即带你回去读书,家里六个哥哥,一人一餐省吃一口,也不教你饿了。"

贻浚拜见姑母,知道姑母家境贫寒,便给姑母一些银两,带弟弟回到六都。贻豪聪明勤学,于乾隆丁卯年中了贡生。七兄弟各自成家立业,大房分家时,六兄贻贤早卒,六嫂余氏因七叔贻豪忠厚孝友,合建四乐厝。贻豪待嫂如母,厝内六嫂居住的地方都建得较好,给四乐轩树立了团结和睦的典范。

贻豪和后代又购买一些耕地,作为"书灯田",并设书斋,延师教课。但凡能读书的子孙,费用由"书灯田"的收入支出。因此四乐厝读书蔚然成风!清朝厝内出了举人四名,其中解元一名,副举人三名,拔贡,岁贡等贡生二十一名,秀才四十六人,多人任教谕,训导,知事,知县,州判等官职。

记忆里,父亲再三告诫我结婚时没有嫁妆。但只要得知在闽清或南洋的亲戚孩子会念书,他一定汇款助学。我终于明白,这就是"书灯田"的传统吧。

2011年8月,我与母亲在闽清祖祠宴客了20几桌,当时五代的刘家亲戚以鞭炮欢迎。我在祠堂入口的墙上看到他们表彰父亲教育了三个博士,并又嫁娶三个博士的故事:

> 继承书香,四乐轩子孙皆能励志读书。民国以来,具有真才实学者辈出,现已知的大学生232人,保庚家一子二女三博士。

我带回了一本厚重精装的《玉坂刘氏族谱》,虽是 1998 年印刷初版,族谱的编纂始于 1451 年十九世组虎公。在 1434 页的家树枝干里,我们是如此渺小。

四乐轩的第四进挂满了匾额,而我们姐弟三人(礼房长三十三世)一人就占了一个:刘凯莉,密西根大学化学博士;刘裘蒂,哥伦比亚大学法学博士;刘艾克,哈佛大学数学博士。

在第二进和第三进宴会的中庭,挂着抢眼的红布幡:

热烈欢迎台胞柯珠女士同次女裘蒂(美籍博士)回乡祭祖省亲

不忘根源尊宗敬祖是华人的传统美德

当我看到这么多陌生的乡亲,我不觉问自己:我顶多就是个"好学生",凭什么在一座从未涉足的古厝占一席之地?这里的 896 名亲戚,除了与我同姓,和我有何关系?为什么我的生命,仿佛跟这些陌生人,有着千丝万缕莫名的联系?

曾经,我写过我是一棵带着根旅行的树。现在想起来,那仅仅是一厢情愿的诗情。因为我对自己的根几乎一无所知。

20 世纪初,法国思想家西蒙娜·韦伊,在《根的必要》一书中写道:"我们可能已经宣布各种人权,但我们都忽略了义务,这也给我们留下了自以为是和无根。"

据说建四乐轩的时候,由于地理风水的考虑,先建尾落,后建头落,所以在第四落的古樟树与建筑同龄。当时先人种树的时候,想的是几千几百年的后嗣。而现代的生活，考虑的是个人的五年十年。

当我走在四乐轩的弄堂里，老樟树的慈祥给了我一生一世的记忆。父亲是否曾经想象我回老家的情景？我从来没有想过会回老家，更没有想过我的老家藏着这么多故事。

但是，这恐怕是父亲种下的种子吧。

家宴的记忆

回到闽清老家的时候,印象最深刻的,是一摞堆得高高的,直径约 80 厘米的蒸笼,上面写着"四乐轩"红色大字,一个个标了号码。

一层一层的竹蒸笼,操劳了一辈子,经过了多少刘家的婚礼、寿宴、满月、祭祖……像一个一个抽屉,每一层都装满了记忆,只要下面注了水,加热后,蒸汽就一股脑儿地把记忆炊软了,原味还锁在里面,隐隐地泛着汤汁。

在祖宗的屋檐下,吃着前人曾经吃过的菜式。听亲戚们笑谈,父亲 1989 年首次返乡探亲,在祖祠里做菜"露一手"的情景。使我想起了小时候逢年过节,父亲在台湾做闽清菜的仪式。

买菜,洗菜,切菜,煮菜。这是多么家常的动作,父亲离开闽清之前从来不会做的事。在台湾时,自己下厨,是唯一可以慰藉他抑郁的乡愁。而回到老家时,借着食物的味道,让他企图跨越年岁的鸿沟,填补离乡 42 年后记忆的断层。

而我，一个台湾出生，长年海漂的陌生人，在老家为纪念父亲而设宴，空气里弥漫了我小时候熟悉的味道。我同样地经由家乡味的记忆，找回我跟父亲共同的记忆。

我的闽清之旅也变成了祖传食谱之旅。寻根就是寻找味蕾。

我从未见过的堂弟乃本是四乐轩的"御厨"，在宴会的两天前，乃本到母亲和我的下榻处琢磨菜式。乃本三十出头，中等身材，理个小平头，他跟我同样属于乃字辈，应该称我为堂姐吧。

我们是两个完全不同生活环境中成长的一家人，素昧平生，可是我们却有着共同的语言：福州菜。一起斟酌各种的菜式，和它们的变迁，与在当地宴席中的应用。虽然他从未见过我的父亲，我明白了堂弟对这个家宴的用心。

我保存了乃本后来印制的红色菜单，在20道菜色中，虽然有很多讨吉祥的谐音菜名，细读起来，才发觉许多是对海外游子的寄语。

2011年8月13日，台胞柯珠女士携次女裘蒂（美籍博士）回乡省亲，宴席菜单：

1. 八仙贺喜
2. 太平盛世
3. 一脉相承
4. 吉庆有余
5. 富贵平安
6. 鸿福高照
7. 金包银

8. 三阳开泰

9. 勤劳幸福

10. 思乡依依

11. 君子圣人

12. 招财进宝

13. 年年好运

14. 漂洋过海

15. 平步青云

16. 甜甜蜜蜜

17. 丰收满园

18. 回味无穷

19. 步步高升

20. 富贵长寿

  闽菜是中国八大菜系之一,但是对外的知名度与影响力有限。之前在中国各地旅行的时候,我已经从各地收了不少菜谱:《云南菜上桌》《名人那些菜》《幸福饺子馆》《探秘红楼美食》《香港点心》《精选美味酱卤298案例》《西安特色小吃》《人气煎饼》《上海菜》《山西面食》《旅游城市美食指南》。但是我的书架偏偏少了一本福州菜谱。

  等到我要离开闽清的时候,乃本塞给我好几本他自己珍藏的食谱。1989年第二版的《中国名菜谱:福建风味》《福建菜谱:福州》《名菜精华:热菜,海鲜类》。这些充满手泽和水印的老书,成全了我带走一些家乡味的念想。

其实闽菜中,福州菜和厦门菜这两个支流差别不少。台湾一方面综合了全国各地的"外省"菜影响,一方面也有接近厦门式的闽南菜。我长大时,家里的大部分是福州菜系的菜式。

童年时,我们日常的饮食结合了北京熏鸭、南京盐水鸭、广东盐焗鸡、湖南腊肉、安徽卤牛肉和猪耳朵、港式饮茶,真是五味杂陈的大熔炉。但是,一到年夜饭,父亲和母亲必定分工准备十道菜,其中多样是经典福州风味。

福州人逢年过节,节庆聚别,必吃肉燕,又称太平燕,取其"太平"和"平安"之吉利,有所谓"无燕不成宴,无燕不成年"的说法。母亲事先到福州店买好一扎扁平如纸的燕皮。燕皮用精肉捶打成泥,配上淀粉等辅料精制而成,形似纸状,洁白光滑细润,淡淡散发出肉香,一旦下水后,皮变成半透明脆滑状,清爽带独特口感,因颇有燕窝风味,而得名为肉燕皮。

母亲把一张一张的燕皮用刀裁成 8 厘米 ×8 厘米的方形,浸水一两秒以后,包上自己调味的馅儿,里面有剁得极碎的猪绞肉、虾米、香菇和葱姜末。然后另外用鸡骨熬成清汤汁,飘着切丝的香菇。肉燕下锅后,汤也沾染了燕皮的肉香,加上少许盐,几滴醋和麻油,再撒上芹菜末提味。

另外一道不可或缺的福州名点是七星鱼丸,用鳗鱼或鲨鱼肉剁成茸状后,加薯粉搅拌均匀做成鱼浆,内包碎猪肉馅料,酱汁入口喷出。福州鱼丸汤中煮熟后起伏闪烁,似空中繁星,故名"七星鱼丸"。

那个时候中式厨房没有烤箱,母亲在公寓楼的后门楼梯间,架起了炭炉和铝锅,用克难的方式,熏烤事先用福州红糟腌好的里脊肉块

舌尖上的四东轩

和鸭子，待凉后用铝箔纸包藏，可以吃到初五。每当要吃前，再拿出适量切成薄薄的肉片，撒几滴麻油。

还有鳗干。每年到秋天的时候，父亲便会到鱼市场买十几头鳗鱼，清理后用竹枝撑开，抹上美丽的盐巴和高粱酒，让它们在南台湾的艳阳冬风里，干燥翻飞。几个礼拜后，加粉丝和大白菜，便是一道鲜翠的鳗干汤；或是用料酒、姜、蒜、桂皮、香叶、糖，收拾成一道红烧鳗干。

这些市面上买不到的家乡菜，便是祖传的家宝。

到了美国，很少能够吃到家乡菜，所以肉燕就变成我宴客的招牌菜。美国化的中国菜，紧追着移民史的脉络，多半是粤式、川式和湘式。近年来，福州来的移民多了，但是福州菜还是多半局限在福州人圈内。

上我家来吃饭的西方人和中国人，大多吃过各式各样的馄饨、饺子和包子，因此像肉燕这样类似馄饨，但是又具有完全不同口感的扁食，更可以让他们惊艳。为了适应现代对饮食健康的要求，我的肉燕汤也力求清纯爽口，用的肉比较瘦，煲汤的排骨或鸡骨头，也尽量挑出油脂。

或许对老福州来说，我的肉燕可能已经变了样了，但是，食物传统从来不是静止的，为了适应食材和品位的改变，每一个环境、每一个创意、每一次参悟也就重新激发了承传的人。

我大学毕业以后，我再也没在家吃过一次年夜饭。我所知道的福州菜，是自己在美国的厨房，靠着儿时的记忆摸索出来的。我的肉燕只做给了外国人和海漂的中国人吃，从来没有机会为父亲准备。

我看了李安的《饮食男女》多次，剧中郎雄扮演的老父是失去味蕾的退休名厨，仍然以千锤百炼的厨艺，每个周末等待三个女儿回家吃饭。每次重看这部片子，我总觉得我就是那个叛逆，在航空公司任职的二女儿，总想逃离家远远的，到后来反而却从厨艺里得到父亲真传。

父亲晚年的时候活得很辛苦，他像一只没有帆的帆船，陷在他的躯壳里，出入起坐都需要旁人照料。对于一个自尊极强的人，他觉得他失去生命的尊严，但是却为了子女坚持到最后一刻。

2008年的春节前，母亲打电话到纽约说，父亲因肺部常常呛到食物而感染，从此必须要插胃管进食。我挂了电话，突然感觉周围的世界逐渐向我塌陷。失去了味觉的体验，就失去了他人生最后一个可以享受的感官，父亲再也尝不到红糟肉、扁肉燕的滋味了。

父亲刚插胃管的头几个月，总是用手企图拔出管子。我们用胃管喂他搅成汁的食物，总会把汁先放在他舌头上，让他尝尝那个逐渐从他的体内流失的回忆。

2011年8月13日，37度的高温，我站在四乐轩的中庭，看一道一道"八仙贺喜""太平盛世""一脉相承"依序上桌。空气中的热气，混着餐点的蒸汽，环绕着几百个刘姓的人。

我突然看到，父亲在南台湾，炖一锅鳗干汤，蒸汽和香味弥漫了整个厨房，而他挥汗如雨的情景。

我也看到，最后一次我和父亲在餐桌上进餐，我们已经无法用语言交谈，他坐在轮椅上，很吃力地拿着筷子想要为我夹菜。

我的记忆混着父亲童年的记忆，像操劳了一辈子的蒸笼，一层扣紧了另一层，不肯让蒸汽轻易散去。

父亲望着我，在挂着"解元宴"牌匾的四乐轩大厅里，我们的家宴正要开始。

逃离捆绑,勇敢"流浪"

见到三毛,是在台湾日报社举办的文学奖颁奖典礼上。我还是高中生,瞒着父母投了散文和诗歌,没想到成为当年唯一同时在诗歌跟散文组获奖的得主。得了这两个"过分"的奖,有点不真实的感觉。

我到台北领奖,不期然地在颁奖典礼上遇到了三毛。

三毛穿了一件土色的棉布服,中分的长发打成辫子再缠到头上,仿佛刚从《撒哈拉的故事》《雨季不再来》《稻草人手记》的世界走出来。

她超级友善,拉着我的手问东问西,我那时一方面觉得很亲切,另一方面又觉得有点不真实。三毛像一个没有社会洗礼的孩子,缺乏人世习惯性的防卫和保留。我知道,那种友善和随和,不是因为我的写作才能。倒像是一个旅行者来到空旷了沙漠,急切地跟一个陌生人贴近。或许,她是一个精灵,不落户人间。

多年后,我体味了那种随时可以跟陌生人促膝长谈的感受。当我孤独地旅行欧洲,突然有种跟陌生人贴近的亲密,每到一个异乡,就好像要把自己连根拔起，燃烧着极度想融入一个异国社会和文化的欲望。

这种吉卜赛的心情，使人能够在一个很陌生的环境中很快地扎下根来。那种过于逼真的亲切感，是出于一种生存的本能，必须要跟陌生人不谋而合。但是作为一个旅游者，所接触到的异地社会的表面，跟真正在那个社会落户的感觉和人际关系完全不一样。

据说，《读者文摘》只刊出完全真实的故事，所以为了连载三毛的作品，必须一一核实书里面的情节。所以三毛不是活在一个想象的世界，而是活出了一个世界的想象。

而我们眷恋三毛的世界，正是因为胸膛里那颗流浪的心："一个人至少拥有一个梦想，有一个理由去坚强。心若是没有栖息的地方，到哪里都是在流浪。"

或许，你跟我一样，都是在文明都市里流浪。我们只能偶尔出轨，偶尔当被背包捆绑的背包客。

法学院毕业那年，7月考完加州律师执照，10月才需要到律师楼报到。那年的8月和9月，就是我告别学生生涯，正式进入职场前的最后一场献祭。

8月，我在德国中南部陶伯河上游的罗滕堡学德文；9月，我到意大利的古城漫游。

我寄宿在一个德国家庭，但不包伙食。在名叫"天堂巷"的中古小弄里，我住在一座古老建筑的阁楼。打开窗，便是触手可及，童话连篇的红顶屋：市集广场上的市政厅、市议会酒店、圣雅各布教堂，圣乔治屠龙雕像喷水池、护卫着广场中心的钟楼。远眺可以看到完整古城墙外的森林，沐浴在金色的晚霞里。

德国妈妈有七个不同的回收箱：废纸带食物、废纸不带食物、塑胶带食物、塑胶不带食物、大型物件、食物残渣、玻璃容器。

我永远搞不清楚那七个回收箱的来龙去脉。我的德国妈妈，总会为回收箱的事儿唠叨无数次。我住在天堂巷的童话古堡城，可是每天却烦恼垃圾、垃圾、垃圾……

周末是自由时间，我便提着我的旅行箱，拜访巴伐利亚省的文化古迹：维尔茨堡王子皇宫里的提埃坡罗画作，纽伦堡的天主教广场，奥斯博格的布莱希特贝托尔特老屋，慕尼黑的歌剧院，卡塞尔的文献艺术展……

几个星期下来，我已变成罗滕堡火车站的名人，售票员一见到我，便叫我"行李女郎"（Frau mit Koffer）……

我的心，搁浅在距离慕尼黑半个钟头车程的小村庄米巴赫。我在香港认识的汤玛斯，刚在德国律师鉴定考试名列前茅，而被一家当地的小律师事务所网罗，当特级乡下律师。他以前追求的国际法大师梦想比不上特级律师的超级待遇和悠闲规律的生活步调，每天中午还可以回家吃饭、睡午觉。

我独自坐着穿越阿尔卑斯山的乡间火车，窗子都开着，空气里面弥漫着松叶的清香。巴伐利亚农家的房子，在浅棕色的大屋窗台上都种满了三色紫罗兰。山坡上绵绿一望无际，挂着铜铃的乳牛，发出了清脆的声响。

看着站牌一个一个从窗外飞去，我才明白，我们的香港，只像一个充满了标点错误的情书。在汤玛斯的国度里，他只是一个落地生根的"土律师"。而这里，没有我的流浪的位置。在他的树里，我没有根据，也没有结果。

8月初，我从慕尼黑搭卧铺到米兰，后来又转往罗马、佛罗伦斯、威尼斯。意大利的男人特别热情，总要缠你千回，把他对你的喜欢挂在口里，甚至要借我电话卡打电话给汤玛斯。

每一个遥远的国度，从远方看来，都有一种迷蒙的美感。我可以选择去爱和不爱。即使当我们旅行经过，因为我们不曾在它里面流汗，也就不用为里面的人流泪，不用为自己的浪漫负责。待在那个社会的边缘，有一种自由的假象，不用着急应用那个社会的潜规则。那种不是朝夕的人情，可以如此温柔，却又不着边际，断断续续的虚线。

一旦我们真正进入了国度的社群，它的人情也变成了我们的负担。

经过了陌生的异国，我们又重新赚回了可以出卖自己的本钱。就这样，德国与意大利为我的学生生涯，系一个粉红色的结。

我回到美国，正式走入职场现实的捆绑。在欧洲过了两个月没有身份标签的日子，我又回到习俗里的工作、薪水、人情、世故。律师的生活给了我一个结实的框架，那个世界不属于意外。我知道什么时候可以笑，我知道什么时候可以哭。

当律师可以用平庸的生活换舒服的待遇。一年里光荣地挣一些钱，然后能够到欧洲度假几天。我花在与同事相处的时间上，比跟家人都要多得多。

但是我的心，总是在家里流浪。中学的时候，我在画室里流浪，逃避学校的秩序。大学的时候，我在写作的书房流浪。流浪可能是一种逃避的方式，浪漫的爱情也可是一种逃避的方式，让人觉得自己比世界要大方。

金融风暴来袭,常常在下班的时候,可以看到啤酒屋为了招引生意,而举办的欢乐时光粉红解雇通知书派对。这些急于找到族群感的人群,借口,就是一个"工作"。我们的生命完全被这个岗位,被这个"工作"定义:我们的身份,我们的收入,我们的关系,我们的定位,我们的族群。

我离开律师界的时候,同事都不很看好,有人甚至认为我疯了,才会放弃多年牺牲换来的高薪。

"你想要做什么?"

"我还不知道。我的一生都在无数的框架里。我需要一段时间让我的想象驰骋。我也需要时间考量市场。"

唯一为我打气的,只有一位瑞典来的同事麦可:

"你曾经做过这么多成功的事情,创业怎么会不成功?"

麦可五十几岁才当了律师楼合伙人,是律师楼里面唯一拥有私驾飞机执照的律师。周末的时候,他经常驾着一架小型飞机出游。或许,他才懂得什么叫危险。

我离开了"工作",又开始了新的流浪。总算,流浪不必有借口,也不必到荒岛。

我总是想着三毛《说给自己听》里的句子:

> 如果有来生,要做一棵树。
> 站成永恒,没有悲欢的姿势。
> 一半在土里安详,一半在风里飞扬。

一半洒落阴凉,一半沐浴阳光。

非常沉默,非常骄傲。

从不依靠,从不寻找。

原来,写了许多旅行的故事,三毛还是想要做一棵树。

关于选择与放弃

美国桂冠诗人罗伯特·弗罗斯特的名诗《未选择的路》，曾经出现在福特汽车，曼妥思薄荷糖，美亚保险，以及招聘网的广告，美国电视剧《出租车》《暮光之城》《太空堡垒卡拉狄加》的分集标题，以及歌手布鲁斯霍恩斯比和乔治史推特的歌词。我在大学英美文学课里初读此诗，没有办法体会现实生活中处在十字路口时难以抉择的心情。像多数学生一样，我们的人生多数为社会和父母规划。

考大学时，把台大外文系放在第一志愿。当时文科里外文系最"热门"，而对我而言，台大外文系历年来文风蔚萃，出了许多著名的作家和评论家，如小说家白先勇、王文兴，诗人余光中，评论家颜元叔等等。所以选为第一志愿，天经地义。

选择出国，也是受到家里面鼓励。选择美国东岸以文学艺术领先的耶鲁，有奖学金的支撑，不需要经历心理纠结。

这两个目标，虽然并不是易如反掌，它们并没有真正测试我对自己人生的规划与选择能力，因为还是在中国传统士大夫文化的框架里运行。可是为什么我不选择继续当学者呢？

念完文学以后，可以做的事情没几个，基本上是在美国大学或回台湾教书。美国大学采用终身制度，为了保护学术不受政客、企业家和赞助人干扰，确保学院思考与言论的自由，刚出炉的博士经过为期7年的考察，然后由学校与学界大腕就其出版记录和教学业绩评鉴其学术资质，决定是否给予终身教职。而学者经过拼搏后获得"终身"职位，从此也仿佛拿到了"长期饭票"。

文科不如理工科或医学生化，可以争取私人、企业与国家科技资金的赞助，资源向来有限，竞争更为激烈。常春藤盟校里的大学，经常用了年轻教授数年后，不鉴定为终身教师；而许多学者，必须"放逐"到各州的"偏远"大学锻炼，才有机会进名牌大学。因为萝卜坑太少了，这里面评选的过程，拿推荐函，也要经过非常政治化的运作。那个时候我接触到的学界，不可避免地有一些小肚鸡肠的"内斗"。我虽然对自己的学术实力有信心，却不确定这个象牙塔的思维方式是否适合我的意愿。

当我拿到法学院的入学许可时，当时的想法是当个文法科的跨界教授。耶鲁是文法跨领域的学术研究领军，其中泰斗彼得布鲁克斯教授正好是我文学博士论文的导师，所以我对这个新兴的领域感兴趣。当我刚到哥大体会纽约的国际氛围时，我并不觉得是完全对学术训练的背弃。

哥大法学院以国际商业法闻名，跟耶鲁法学院出法官与法律学者的长项略有别。在耳濡目染的情况下，还有律师楼的实习经验，我突然发现了一个存在于校园围墙之外的现实世界：具体的项目，怂人的数据，动辄攸关的大笔交易。我的每日首要读物，从《纽约时报》转到《华尔街日报》。

或许，因为从小我就很喜欢做跟人家不一样的事情，特别向往具有挑战性的事。高难度的追求可以带来更高的成就感，但是也相对地带来更大的风险。对于我来讲，以出生国外的东方女性身份、迥异的文化和教育背景来征服华尔街，当时便很有成就感。

美国许多社会与企业的领袖（如林肯、克林顿到奥巴马）都是律师出身。因此，我认为法学院的训练可以使我了解美国社会的运作，融入核心精英群体，成为"自我强大"的武器。

而法学院毕业后，我所认识的中国大陆、台湾、香港等地区来的法学生，全都到亚洲工作，只剩下我孤军奋斗。不到亚洲工作，有两个基本考虑：一则是害怕东方社会里面，职场的"宫斗"，我在香港实习时，便略有所闻。二则是当时在中国正式加入世界贸易组织之前，中国对外的商务还未形成气候。许多海归的律师就是充当高级翻译官。我想纽约号称世界金融中心，有庞大的法律架构及专才支持，可以学到一些扎实的硬功夫。

为了待在美国，没少受气。当时中美跨境交易极少，所以我的文化背景和外语能力完全不带优势，必须跟美国人对等竞争。许多大律师楼甚至明摆着不收没有绿卡的外籍律师。多年来，我的项目和客户，完全绕着美国、欧洲或离岸企业。

那些年，我总是幻想着，能够在纽约混好的高级律师太少了，等有一天，中国到美国的业务开展起来，真正需要一个懂美国金融市场、企业文化的中国人……

我还没有完全等到那一天，又做了另一个更令人费解的选择：创业。

其实，当律师的时候，我一直有"为人作嫁"的感觉。我的客户很爱我，因为我绝对靠谱，牺牲自己的生活来成就他们的利润。但是我的创意没法发挥，我的美国生活完全与我的中国背景脱节。

2009年间，父亲过世，我离婚，2007年至2009年间的金融危机，标准普尔500指数下跌50%左右，我的个人储蓄损失30%。作为律师楼合伙人，每天与其他合伙人开会讨论，如何应付客户对律师费预算的锐减和杀价。面临的人生不可预测，我想，何不卷起袖子自己独干一场？

我的想法不过是：做自己想做的事，把我多面独特的能力与倾向活出来！

在法律界，平庸的律师也可以拿到很高的收入。或许是心里面有点不甘心吧？我想结合自己的独特文化体验，对东西叙述语言差异的了解和商业经验，在媒体界做一些有影响力，又能保持我与自己文化根源联系的事情！

这条路，算是一生中最少人迹的一条！

在华尔街时，我们经常说：Hindsight is 20/20：早知道就好！20/20代表完美的视力，回顾往事总是事后诸葛亮，可以果断地了解当时应该做的决定，一目了然。但是这句话真正的意义是，时过境迁说得容易，其实当下即刻，没有人有完美的视力可以洞悉未来。

而弗罗斯特的诗行，造就了所有人对"未选择的那条路"的遗憾。有些人完全活在过去，有些人完全活在当下，有些人完全活在未来。

我很少花时间琢磨我没有走过的路,我只想要专心走好眼前的路:虽然曲折,虽然对外人而言,好像跟我的过去没有连贯性,虽然有时候身不由己,虽然步伐有时候会改变,但是大方向还是符合我自己内心的节奏。

大学时读王国维《人间词话》:"古今之成大事业、大学问者,必经过三种之境界。'昨夜西风凋碧树,独上高楼,望尽天涯路',此第一境也;'衣带渐宽终不悔,为伊消得人憔悴',此第二境也;'众里寻他千百度,蓦然回首,那人却在灯火阑珊处',此第三境也。"

那时真的被这些凄离的词句美着了,其实完全不能体会其中的意境。现在反读,叹大师以委婉的宋词,比喻事业、学问与人生的境界,虽然超出了宋代词人说的儿女私情,但是却说尽千古有所追求之人的心!

"昨夜西风凋碧树,独上高楼,望尽天涯路"语出晏殊的《蝶恋花》,对我个人而言,讲的是登高放宽眼界的孤独感。原词里接下来的两句,"欲寄彩笺兼尺素,山长水阔知何处",代表了目标的远不可及,不可捉摸。这跟弗罗斯特诗作里表达的孤独感异曲同工,因为真正的选择是永远的孤独,没有他人可以替代。

而我从柳永的《蝶恋花》——"衣带渐宽终不悔,为伊消得人憔悴"——看到追求过程的漫长,在"衣带渐宽"的渐进过程中,不惜代价的执着与牺牲。

而这份坚持是无怨无悔,不求回报,因为只有在最不期然,接近无心的时刻,才能达到辛弃疾《青玉案》里说的"蓦然回首,那人却在灯火阑珊处"的顿然释怀。

回顾我走过来的路,感觉上我经过了很多选择,很多曲折。但是其实在每一个关口,我的选择其实还是很少;更多的时候是命运选择了我。

很多人生的选择,不能靠企业管理的条例利弊分析模型,也不是可以从别人口里探听的结果。我只能从环境给我的限制,做出当时直觉的选择。有时候难得率性一下,为率性付出代价,有时候代价比我预期的要高,有时候代价比我预期的要少。面对选择,不免有恐惧,只求不让恐惧瘫痪了行动的能力。

在这个过程中,我曾经失去了很多东西:为了出国,放弃了在台湾文坛初露的头角;为了打入美国主流,放弃了用中文创作;为了攻读法律,放弃了国学和文学的基础;为了创业,放弃了法律事业的饭票。每一个放弃,都迫使我重新打拼。

解读自己人生的不同阶段,就像读弗洛斯特的诗篇,或是王国维的词话,随着岁月和经历的改变,也转移了我的视角与观点,在不同的时候,自然有不同的体会。有时当下想不通的事情,多年以后才能够发觉它的意义。而这些事情的意义,在未来想必还会带给我新的领悟。

我常常想,我的生命和事业虽然曲折,我的转型虽然不多见,但是当代社会中,许多人也必须透过转行、漂流、放弃和回归,来追求他们的终极目标。我希望借着自己的深刻经历,能够唤起这个时代的共鸣。我们的时代创造了很多物质财富,但是在文化产业上面,还在寻找跟我们的传统对接,这种思考空间的空虚是当代中国人的困境,也是我们的契机：要如何迎接现代，如何拥抱物质文明，又不被传统的经典抛弃？

如果想想，不同的选择只是为了看到不同的风景，会更痛快。在众里寻他千百度之前，词人带我们看的是"东风夜放花千树。更吹落、星如雨。宝马雕车香满路。凤箫声动，玉壶光转，一夜鱼龙舞"的风景，不再是执念追寻的目的地。

而那条未选择的路，可能在回首的刹那之间，觉得比较容易。其实它的难处可能不低于那条已选择的路。就像那个未选择的情人，我们永远不需要去收拾他的缺点，或自己的厌倦。能想到这点，就想到每种选择的难处，不需要为选择有任何遗憾。

后 记

《一千零一夜》，其实是一个关于讲故事的故事。

框架故事的开始，萨桑国王每日早上要杀掉一名前一晚娶的少女。为了拯救其它无辜的女子，山鲁佐德自愿嫁给国王，每天晚上为国王讲一个只有开头，没有结局的故事。

每一个动人的故事制造的悬念，一天又一天地推迟了山鲁佐德的刑期，只因为国王想继续听隔天晚上的故事。

讲故事的能力，变成延续生命的魔力。一则又一则的故事，一直讲到第一千零一夜……

有本事讲故事的人，对一个注意力涣散，只有七秒钟集中注意力的时代，是多么奢侈。想用一个晚上讲一个故事，但世界连一个晚上也不肯给。

曾经我很羡慕职业外交官的子女，每隔几年又驻扎到一个新的地方，认识新的朋友，学习新的语言。没想到回顾我的人生，我也仿佛经历过了类似的旅程。为了追求一个新的学业，为了追求一个新的职业，不断地在新的领域落地。我的朋友、老师、同学、同事、邻居走进，又走出了我的世界。

我不断地成长，每一次重新温习年轻时的奋斗，它们是随便塞入行李的换洗物。就像一件晚到的挂件行李，在焦急的等待中，担心行李内容的散失，直到它与主人重逢的时候，那种惊喜，那种害怕，怕打开了是满满，逼着自己清洗，不耐脏的回忆。

怕说故事，是因为怕支离破碎的记忆，无法连贯成篇？就像脱线的毛衣，并不总是从起针开始。它总是随兴地从某一点突然跳脱出来，纠缠无数的过去。

还是怕变成一则故事以后，经历就背负了压缩编辑的框架，失去了原来赤裸裸的情感？

曾经，我汲汲营营地直奔下一个目的地，没有时间回顾。我的经历仿佛是一个持续的流浪：颠簸在学问与实用之间，辗转在东方与西方之间，轮回在感性与知性之间。而我真正想写下的是，真正的流浪是心里挥之不去的念想，不是地理的变更，或是边境的跨越。

感谢一切爱我和我爱的人。你们耐心地听我讲故事，鼓励我把自己的经历与读者分享。让我的假想读者，变成真正的同情国王。

好莱坞有一句老话说，一个演员的价值，就报销在他最近的一台戏，如果没有更好的作品，他就得从舞台消失。其实，在奔竞倾轧的现代社会，哪个行业能够逃过这个好莱坞的宿命？沉溺在昨日的光环，只能换成今日的轻叹。

我希望你看了我的故事，不论你的经历如何，或处于生命的哪个阶段，都还有勇气去创造你的下一个光环，讲你自己的故事。

山鲁佐德只需管一个听者爱听她的故事。但我羡慕那种持续有恒的定力。就算到了第1000个夜晚，我也不嫁给国王，因为我还要为你讲另一个精彩的故事。